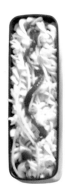

BENTO

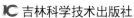

U0376343

便当超人

黄蓓◎编著

IC 吉林科学技术出版社

黄蓓：时尚达人，美食撰稿人，摄影师。热爱生活，用镜头记录美好瞬间，对于吃的、玩的、有趣的会拍照记录，码字随笔。爱生活、爱厨房、爱分享是其对生活的主张，希望能够通过自己的双手和镜头，把最爱的美味、美景与朋友分享。

编委会

编委会(排名不分前后)

副主编：廉红才　窦凤彬　高　伟

成　员：高玉才　韩密和　邵志宝　赵　军　尹　丹　刘晓辉
　　　　张建梅　唐晓磊　王玉立　范　铮　邵海燕　张巍耀
　　　　敬邵辉　李　平　张　杰

特别鸣谢

关于便当，不知道大家都有怎样的记忆？

是漫画中的食客们那好吃到感动落泪的夸张表情，还是影视剧中主人公捧着爱心便当时的温情画面，抑或是我们年少求学时每天中午盼望打开饭盒的那一刻……

如今便当在许多地区都盛行着，在日本更是有着悠久的发展史。不过随着物质生活水平的不断提高，便当的形态逐渐在发生变化，也逐渐形成了属于我国的便当文化。市面上出现的各式各样的便当充满了创意，日式的、韩式的、中式的…… 为这紧张忙碌的快节奏生活增添了那么一丝情趣。所以如果你不想外食，却又烦恼着吃什么，如何做的话，那么快快翻开《便当超人》吧！其实做一份既好看又好吃的便当并不难哦！本书精选近80款便当食谱，按照四季时令食材和营养搭配编写而成，选用常见的食材，科学的搭配，简单易学的烹饪技巧，却依然体贴地详述全部制作方法，让您轻松学、简单做、快乐享。更有经典小菜、主食、米饭的制作方法，让每一份便当都丰富多彩。

便当虽小，却总是蕴含着不一样的情感。所以便当是生活，平平凡凡却又各有不同。希望每一位读者都能做出自己喜欢的味道，给家人、给朋友、给孩子，抑或是给自己……

目录
CONTENTS

Part 1 便当入门

友情提示

1/2小匙 ≈ 2.5克

1小匙 ≈ 5克

1/2大匙 ≈ 7.5克

1大匙 ≈ 15克

1/2杯 ≈ 125毫升

1大杯 ≈ 250毫升

Part 2 春季便当

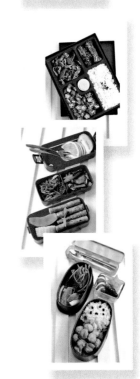

Part 4 秋季便当

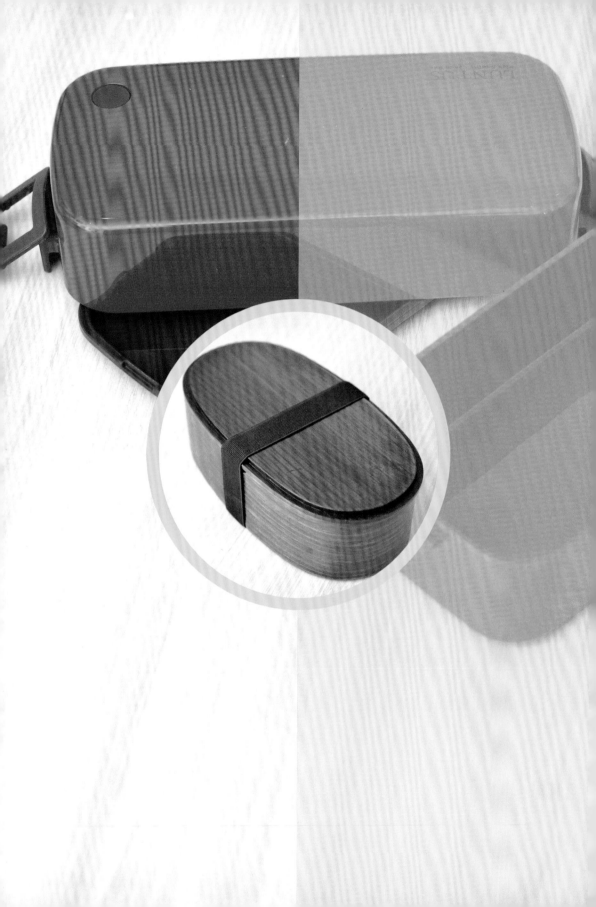

Part 1
便当入门

便当营养

制作美味便当首先要考虑的是营养，而且要做到平衡膳食。平衡膳食必须由多种食物组合，才能满足健康的需求。如果营养失调，也就是膳食不适应人体生理需求，就会对人体健康造成不良影响，甚至导致某些营养性疾病或慢性病。

中国居民平衡膳食餐盘

谷薯类

鱼肉蛋豆类

水果类

蔬菜类

食物多样，谷类为主

食物多样是平衡膳食的基本原则。以谷物为主是平衡膳食的基础，谷类食物含有丰富的糖类，它是提供人体所需能量最经济、最重要的食物来源。

每天的膳食应包括谷薯类、蔬菜水果类、畜禽鱼蛋奶类、大豆坚果类等食物。

中国居民平衡膳食提出，平均每天摄入12种以上食物，每周25种以上。

每天摄入谷薯类食物250~400克，其中全谷物和杂豆类50~150克，薯类50~100克。

食物多样、谷类为主是平衡膳食的重要特征。

多吃蔬果、奶类、大豆

新鲜蔬菜水果、奶类和大豆及制品,是平衡膳食的重要组成部分,对提高膳食微量元素的摄入量起到重要作用。

蔬菜水果是平衡膳食的重要组成部分,奶类富含钙,大豆富含优质蛋白质。

餐餐有蔬菜,保证每天摄入300~500克蔬菜,深色蔬菜应占1/2。

天天吃水果,保证每天摄入200~350克新鲜水果(果汁不能代替新鲜水果)。

吃各种各样的奶制品,相当于每天液态奶300克。

经常吃豆制品,适量吃坚果。

适量吃鱼、禽、蛋、瘦肉

鱼、禽、蛋和瘦肉含有丰富的蛋白质、脂肪、维生素A、B族维生素、铁、锌等营养素,是平衡膳食的重要组成部分,是人体营养需求的重要来源。

鱼、禽、蛋和瘦肉摄入要适量。

每周吃鱼280~525克,畜禽肉280~525克,蛋类280~350克,平均每天摄入总量120~200克。

优先选择鱼和禽。

吃鸡蛋不弃鸡蛋黄。

少吃肥肉、烟熏和腌制肉制品。

少盐少油,控糖限酒

食物中的调味品,除了能增加菜品风味之外,对健康的影响也不可小觑。油、盐、糖、酒是我们餐桌上常见的佐餐品,然而如果不节制,身体健康就无法保障。

培养清淡饮食习惯,少吃高盐和油炸食品。成人每天食盐不超过6克,每天烹调油25~30克。

控制糖的摄入量,每天摄入不超过50克,最好控制在25克以下。

每日反式脂肪酸摄入量不超过2克。

足量饮水,成年人每天7~8杯(1500~1700毫升),提倡饮用白开水和茶水;少喝或不喝含糖饮料。

儿童少年、孕妇、哺乳期女性不应饮酒。成人如饮酒,男性一天饮用酒的酒精量不超过25克,女性不超过15克。

各式便当盒

便当盒的分类比较多，比如按产地、样式分为日式便当盒、台式便当盒、韩式便当盒等；按照保温方式和功能，分为微波炉便当盒、保温便当盒、军用便当盒等。而最为常见的分类方式是按照便当盒的材质加以区分，主要有塑料便当盒、金属便当盒、陶瓷便当盒、木质便当盒、玻璃便当盒等。

木质

木质便当盒是便当盒中颜值最高的，好的木质便当盒在使用的时候会散发出属于木头的天然香气，而且透气性好。但木质便当盒不可微波加热，装入的食物也不能太烫，而且一般木质便当盒密封性都不太好，不能装汤水多的食物。如果是炖菜之类有一些汤汁的菜，装盒的过程中可以在下面垫一层米饭吸收汤汁。

塑料

塑料是比较常见的便当盒材质，其采用卫生、安全、对人体无害的材料，如PC材料、PE材料和PP材料，外观富有光泽，设计美观，没有毛刺，具有优越的耐冲击性，重压或撞击时不易碎裂，不会留下刮痕等。而且塑料便当盒还具有轻便，易清洗，可用微波炉加热，密封相对好，款式多种多样的优点。

玻璃

玻璃便当盒一般由耐热玻璃加上塑料盖组成，其型号比较多，选择余地大，除了作为便当盒使用外，也可作为保鲜盒。玻璃便当盒一般可放入烤箱、微波炉内加热，其密封性很好，不仅可以装咖喱，也可盛装有汤的拉面、关东煮等，而且使用后清洗方便。其缺点主要是比较重，而且保温性能不太好。

金属

金属便当盒也是比较常见的，一般分为不锈钢便当盒和铝制便当盒，其优缺点基本差不多。金属便当盒的优点主要是密封性不错，易于清洗，型号也比较多，做工比较精细，耐腐蚀，不易损坏。金属便当盒的缺点是透气性不是很好，不能放入微波炉内加热。

陶瓷

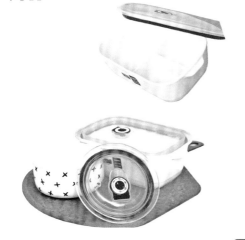

陶瓷便当盒的釉面光亮细腻，易于洗涤和保持洁净，具有耐酸、耐碱的，经久耐用。陶瓷便当盒的不足之处是抗冲击强度低、不耐摔碰、容易破损，是一种易碎品。另外陶瓷便当盒有耐热陶瓷和普通陶瓷之分。耐热陶瓷便当盒能在微波炉中长时间使用，而普通陶瓷便当盒只能做短时间加热使用。

便当小工具

要想制作出色香味美的便当，除了依靠熟练的手上功夫外，善用各种便当制作小工具也很重要。制作便当的小工具有很多，其中比较常用的有饭团模具、寿司帘、小漏勺、蛋黄分离器、挖球器等。下面我们为您介绍家庭制作便当的常用小工具，使您在制作便当时做到心中有数，游刃有余。

厨刀

厨刀在原料加工过程中起着主导性的作用，其根据材质主要分为铁制厨刀和不锈钢厨刀两种，其中不锈钢厨刀是近十几年发展起来的，因具有轻便、耐用、干净、无锈等特点而受到人们的喜爱。

家庭中不宜只选购一把厨刀，尤其是制作一些排骨、鸡、鸭等菜肴时，我们往往需要把原料剁成块，所以，一把结实、耐用的砍刀必不可少。而对于切菜、切肉等，可以选购一把夹钢厨刀，既可以切，又可以剁肉。另外，还可以配置一把尖刀，手感要轻一些，主要用于剔骨等。

菜板

菜板通常有木质、竹制、塑料三种。木质菜板密度高、韧性强，使用起来很牢固。但有些木质菜板因硬度不够，易开裂，且吸水性强，会令刀痕处藏污纳垢。

竹制菜板使用的竹子密度相对稳定，使用起来会更安全些。只是竹子的生长周期比木头短，而且由于厚度不够，多为拼接而成，所以使用时不能重击。

塑料菜板轻便耐用、容易清洗，且不像木质菜板那样掉木屑。在购买塑料菜板时，要询问其材料，比较安全的塑料有聚乙烯、聚丙烯和聚苯乙烯材料等。

锅具

市场上锅具的种类繁多，按照材质可以分为铁制锅具、铝制锅具、搪瓷锅具、不锈钢锅具、陶瓷锅具等；按照锅具的用途，又可以分为炒锅、煎锅、汤锅、高压锅、砂锅、蒸锅等。

饭团模具

饭团模具是制作各式饭团的首选，其有圆柱形、三角形等多种形状，可以使米饭快速成型，方便实用，而且饭团模具里面经过特殊纹路处理，做出来的饭团可轻松脱模，不易粘饭。

猫咪饭团模具

可爱的猫咪饭团制作模具，包含多种猫咪表情，可做饭团、便当、寿司等。

便当隔菜杯

又称便当分菜杯，可重复使用，用于装便当隔菜、泡菜、小菜、干果等，避免味道混杂。

厨房量勺

厨房量勺方便好用，其有多种规格，可以帮您在制作便当时，添油、加盐、舀水等，是您制作便当的好帮手。

硅胶杯

硅胶杯也是便当常用的小工具，既可以作为便当的隔菜杯使用，还可以做蛋糕、慕斯、果冻、布丁、水果派等。

煎蛋器

有了煎蛋器，一只鸡蛋只需要使用锅里一小块面积即可完成，操作简单方便，又显得干净整洁，而且可以同时煎几只鸡蛋。最关键的是，想要做出什么造型都可以，只要选出你喜欢的形状，将鸡蛋煎成一朵花都没问题。

油刷

油刷具有耐高温、柔软有韧性、刷油均匀的特点，可以用来制作煎饼、鸡蛋饼、馅饼等。

水果叉

吃水果的小叉子，其材质主要有塑料、不锈钢等，还有一些创意的小叉子，非常的漂亮。

硅胶蒸垫

寿司帘

寿司帘采用竹子加工制作而成，绿色健康，竹帘密实均匀，有淡淡竹香。自己动手增添生活趣味，在家就能制作美味的寿司。

蒸馒头、包子、小点心等都可以用，不沾油，不留残质。蒸出来的主食，不发硬，有味道，很好吃。

玉子烧锅

在日本，"玉子"就是指鸡蛋，而制作玉子烧需使用特殊的锅，它就是玉子烧锅。玉子烧锅呈长方形，这样才能煎出长方形的玉子烧。除了可以制作日式玉子烧外，家庭中还可以煎鸡蛋、煎松饼、炸煎培根、做肉饼，或者炒个小菜，都比较方便、快捷。

肉锤

适合做牛排、鸡排、猪排等，平时蒸肉也可以把肉轻轻捶松软，这样做出来的肉更香滑、更嫩。另外肉捶还可以缩短烹调时间，使瘦肉细嫩，不塞牙。

护手器

　　小小的切菜护手器是一款比较有创意的小工具,对于烹饪新手而言,用其切菜方便,不伤手,是您厨房生活的好帮手。

压泥器

　　不锈钢材质,是一款实用的小工具。其不仅可以把熟土豆、红薯、南瓜压成泥,还可以把多种水果压成蓉,让厨房生活更便利。

挤压瓶

　　可盛装番茄酱、沙拉酱、巧克力酱、果酱、芝麻油、米醋等。带长嘴盖子,便于控制用量,避免浪费,防尘防漏,干净卫生。

食品收纳盒

　　收纳盒的种类很多,盒身透明,使里面的物品一目了然,方便易找。收纳盒半翻盖设计,拿取食物很方便。

果挖

　　可以非常方便地把食材挖成球状。果挖的手柄为不锈钢或塑料材质,两端各有一个半球形小勺,而且两个小勺的直径不同,可以挖出两种规格的圆球。

切蛋器

　　切蛋器不仅可以直接把熟蛋切成小瓣,有些切蛋器还可以直接把熟蛋切成片状。使用时可以把去皮的熟蛋放在上面,直接按压即可,非常方便。

切花器

　　对于刀工不佳的新手,一套蔬菜水果切花器是必不可少的实用工具。它可以把各种水果、蔬菜等切成多种形状,使制作而成的便当更加美观。

便当原料

制作便当的原料有很多种，其中，按原料性质可分为动物性原料、植物性原料、人工合成原料三大类；按原料加工与否分为鲜活原料、干货原料等；而我们最为常见的是按原料的商品种类进行分类，可分为粮食、蔬菜、家畜、禽肉、禽蛋、豆制品、水产品、鲜果、干果等。

粮食

粮食是以淀粉为主要营养成分，用于制作各类主食原料的统称。粮食是人类最基本的营养物质，是人体热能的主要来源。我国所产的主要粮食种类有20多种，其中又以小麦、玉米、稻谷、豆类、薯类为主。

蔬菜

蔬菜是可供佐餐的草本植物的总称。蔬菜可分为十几大类，主要有根菜类、甘蓝类、芥菜类、绿叶类、葱蒜类、茄果类、瓜类、豆类、薯芋类、水生蔬菜、多年生蔬菜、真菌类、藻类等。

家畜

家畜是指人类为了经济或其他目的而驯养的哺乳动物。家畜的种类很多，但作为肉用畜类，我国主要有猪、牛和羊3种。此外，还有兔、马、驴、骡、狗、骆驼等，但应用不广泛。

禽肉

禽肉是指人类为了经济、饮食或其他目的而驯养的禽类(如鸡、鸭、鹅)和一些未被列入国家保护动物目录的野生鸟类(如珍珠鸡、野鸭)的肉。禽肉含有人体所需的各种营养物质，特别是动物性蛋白质、脂肪、维生素和矿物质等含量较高，而且做出的菜肴质地细嫩，口味鲜香。

禽蛋

禽蛋为雌禽所排的卵，根据禽种的不同，禽蛋可分为家禽蛋和野禽蛋两类，此外还有由禽蛋加工而成的制品。烹饪中常用的禽蛋为家禽蛋，其中以鸡蛋用得最多，此外还有鸭蛋、鹅蛋、鹌鹑蛋、鸽蛋等；禽蛋制品中以皮蛋、咸蛋、糟蛋等最为常见。

豆制品

豆制品是以大豆或其他杂豆为主要原料加工制成的。按生产工艺可分为发酵性豆制品和非发酵性豆制品。发酵性豆制品主要包括腐乳、豆豉等；非发酵性豆制品主要包括豆腐、豆腐干、豆腐皮、腐竹等。

水产品

水产品是生活于海洋和内陆水域野生或人工养殖的，有一定经济价值的生物种类的统称，分类上主要包括鱼类、软体动物、甲壳动物、藻类等。人们经常食用的水产品主要是鱼类、虾类、蟹类、贝类和藻类。

鲜果

鲜果有鲜艳的色泽、浓郁的果香、醇厚的味道。我国鲜果种类繁多、品种齐全、质量优良，其营养成分和营养价值与蔬菜相似，是人体维生素和无机盐的重要来源。水果普遍含有较多的糖类和纤维素，而且还含有多种具有生物活性的特殊物质，因此具有非常高的营养价值和保健功能。

干果

干果一般分为两类，一类富含脂肪和蛋白质，如花生、核桃、松子等；另一类是含糖较多而脂肪含量较少的，如莲子、栗子、白果等。干果不仅作为休闲食品而被大众喜爱，也可经过适当加工，制成多种美味可口的佳肴。

便当小菜

在我们制作各种美味的便当时，加上一些爽口的小菜是必不可少的。小菜的选择有多种，其中可以在超市购买小咸菜、熏酱品、脆泡菜等，也可以在家制作一些炝拌菜、熘炒菜等，既节省时间，又做到了营养均衡，一举两得。

什锦菜

原料: 甘蓝、芹菜、胡萝卜、水发木耳、熟芝麻各适量。
调料: 五香料、精盐、白酒各适量。

1 甘蓝、芹菜、胡萝卜、水发木耳洗净，切成条块；锅内加入清水、精盐、五香料煮5分钟，凉凉成味汁。

2 将加工好的原料装入泡菜坛中，倒入味汁，加入白酒和熟芝麻，盖严坛盖，添足坛沿水，腌泡7天即可。

姜汁西蓝花

原料: 西蓝花400克。
调料: 嫩姜25克，精盐1小匙，味精少许，香油、香醋各2小匙。

1 西蓝花洗净，掰成块；嫩姜去皮，剁成细末，放入容器内，加入香醋、精盐、味精、香油调匀成姜味汁。

2 把西蓝花放入沸水锅内焯至熟透，捞出冲凉，沥干水分，放入盛有姜味汁的容器内拌匀，腌泡10分钟即可。

清水芥蓝

原料: 芥蓝400克。
调料: 精盐1小匙，花椒油、白糖、味精、香油各少许，植物油1大匙。

1 将芥蓝削去外皮，洗净，放入沸水锅内，加上精盐和植物油焯烫1分钟至熟透，捞出、沥水。

2 将芥蓝趁热放入容器内，加入精盐、味精和白糖拌匀，再淋上花椒油、香油腌拌即可。

拌茭白

原料: 茭白300克, 胡萝卜片50克。

调料: 精盐1小匙, 味精少许, 白糖1/2小匙, 香油1大匙。

1 茭白削去外皮, 洗净, 切成菱形片, 放入沸水锅内, 再加上胡萝卜片焯至熟透, 捞出、沥水。

2 把茭白片、胡萝卜片放在容器内, 加上精盐、味精、白糖拌匀, 淋上烧热的香油调匀即可。

炝拌芹菜丝

原料: 芹菜300克。

调料: 花椒粒3克, 精盐1小匙, 白糖、米醋、味精各少许, 植物油1大匙。

1 把芹菜去根、去叶, 用清水漂洗干净, 沥净水分, 切成丝, 加上少许精盐拌匀, 腌渍50分钟, 挤干水分。

2 锅内加上植物油烧热, 放入花椒粒炸至煳, 捞出花椒粒, 把热油淋在芹菜丝上, 加上米醋、白糖、味精拌匀即成。

盐水菜心

原料: 菜心400克。

调料: 精盐1小匙, 味精、白糖、白醋各少许, 香油2小匙。

1 把菜心去掉菜根和老叶, 用清水洗净, 放入沸水锅内, 加上少许精盐焯烫至熟, 捞出、沥水、凉凉。

2 容器中加入精盐、味精、白糖、白醋、香油调匀成味汁, 放入菜心充分拌匀即可。

胡萝卜土豆丁

原料: 土豆、胡萝卜各200克。

调料: 精盐1小匙, 味精少许, 白糖适量, 花椒油2小匙。

1 土豆、胡萝卜分别刷洗干净, 擦净水分, 放入蒸锅内蒸约10分钟至熟, 取出胡萝卜、土豆, 凉凉, 剥去外皮。

2 把熟土豆、胡萝卜分别切成丁, 放在容器内, 加上精盐、味精、白糖调匀, 淋上烧热的花椒油拌匀即成。

香辣金针

原料: 净金针菇400克。

调料: 干辣椒、姜丝各5克, 精盐、鸡精、白糖、米醋各少许, 香油1大匙。

1 干辣椒浸泡至软, 切成丝, 放入烧热的香油锅内煸炒出香辣味, 加上姜丝炒匀, 倒入小碗内凉凉成辣椒油。

2 净金针菇放入沸水锅内焯烫一下, 捞出、沥水, 放入容器内, 加入精盐、鸡精、白糖、米醋和辣椒油拌匀即成。

椒香油菜

原料: 油菜400克。

调料: 花椒粒3克, 精盐1小匙, 味精少许, 植物油1大匙。

1 将油菜去掉根, 择去老叶, 用清水漂洗干净, 放入沸水锅中焯烫至熟, 捞出、沥干水分。

2 锅内加上植物油烧热, 加上花椒粒炸至煳, 捞出花椒, 把热油淋在油菜上, 再加上精盐、味精拌匀即成。

蚝油生菜

原料: 生菜400克。

调料: 蒜末5克, 精盐少许, 蚝油、白糖、酱油、水淀粉、植物油各适量。

1 生菜择去老叶, 清洗干净, 放入沸水锅内, 加上少许植物油和精盐焯烫一下, 捞出、沥水, 码放在盘内。

2 锅内加上植物油烧热, 放入蒜末炒香, 加上蚝油、白糖、酱油烧沸, 用水淀粉勾芡, 淋在生菜上即可。

炝西葫芦

原料: 西葫芦300克, 胡萝卜片75克。

调料: 精盐1小匙, 味精少许, 白糖1/2小匙, 花椒油1大匙。

1 西葫芦洗净, 用模具切成圆块, 放入沸水锅内, 加上胡萝卜片、少许精盐焯烫一下, 捞出、过凉、沥水。

2 西葫芦块、胡萝卜片放在容器内, 加上精盐、味精和白糖拌匀, 再淋上烧热的花椒油搅拌均匀即成。

拌豆腐丝

原料: 豆腐皮300克,萝卜100克。
调料: 精盐1小匙,米醋1大匙,香油2小匙,花椒油少许。

1 豆腐皮切成细丝;萝卜去根,切成细条,放入沸水锅内焯烫一下,捞出、过凉,沥净水分。

2 把豆腐皮丝、萝卜细条放在容器内,加上精盐、米醋、香油和花椒油调拌均匀即成。

五香豆干

原料: 白豆腐干500克。
调料: 香叶3片,草果1个,八角2个,桂皮1小块,精盐、味精各1小匙,腐乳汁2小匙,老汤500克,植物油适量。

1 香叶、草果、八角、桂皮用洁布包裹成香料包;白豆腐干切成大块,放入烧至八成热的油锅内炸至上色,捞出、沥油。

2 锅置火上,加入老汤、精盐、味精、腐乳汁和香料包烧沸,放入豆腐干块,转小火酱至入味,取出豆腐干块,凉凉,切成丁即成。

尖椒油豆皮

原料: 油豆腐皮250克,青椒、红椒各30克。
调料: 精盐1小匙,白糖、味精各少许,植物油1大匙。

1 油豆腐皮放入容器中,加入适量清水、少许精盐和白糖浸泡片刻,捞出,切成条;青椒、红椒去蒂、去籽,洗净,切成丝。

2 净锅置火上,加上植物油烧至六成热,下入青椒丝、红椒丝炝锅出香味,放入油豆腐皮炒匀,放入精盐、味精调好口味即成。

肉末四季豆

原料: 四季豆400克,猪肉末75克,芽菜50克。

调料: 精盐、味精各1/2小匙,酱油1/2大匙,料酒1小匙,植物油2大匙。

1 四季豆掰成两段,择洗干净;芽菜洗净,切成碎末;锅内加上植物油烧热,下入猪肉末煸干水分,再放入芽菜末炒香,捞出。

2 锅内加上植物油烧热,下入四季豆煸炒至软,放入猪肉末、芽菜末炒匀,烹入料酒,加上酱油、精盐、味精翻炒至入味即可。

拌肚丝

原料: 牛肚300克,红辣椒10克。

调料: 蒜瓣15克,葱段、姜片各10克,八角2粒,精盐、味精、香油各1/2小匙。

1 红辣椒去蒂、去籽,洗净,切碎;牛肚洗涤整理干净,放入清水锅中,加入葱段、姜片、八角,上火煮至熟,捞出、凉凉。

2 蒜瓣剥去外皮,剁成末;把熟牛肚切成细条,放入容器内,加入红辣椒碎、精盐、味精、蒜末和香油拌匀,装盒上桌即成。

酱牛肉

原料: 牛腱肉750克。

调料: 葱段、姜片各10克,五香料包1个(花椒、桂皮各5克,八角、丁香、砂仁、白芷各3克),精盐、白糖、甜面酱、酱油、鲜汤各适量。

1 净锅置火上,加入鲜汤、酱油、甜面酱、精盐、白糖、葱段、姜片、五香料包烧沸,用中火煮20分钟成酱汤。

2 牛腱肉洗净,切成大块,放入酱汤锅内烧沸,转小火酱至牛肉熟烂入味,离火、凉凉,切成大片即可。

熏鹌鹑蛋

原料: 鹌鹑蛋400克。

调料: 茶叶、精盐、味精、白糖、香油、大米各适量,卤料包1个。

1 鹌鹑蛋放入清水锅中煮熟,捞出、去壳,再放入清水锅内,加入卤料包、精盐、味精、白糖卤至鹌鹑蛋入味。

2 铁锅内撒上大米、茶叶和白糖,架上铁箅子,放上鹌鹑蛋,盖严锅盖,用旺火熏3分钟,取出,刷上香油即成。

脆皮鸡块

原料: 鸡腿肉300克,鸡蛋清1个。

调料: 精盐、生抽、胡椒粉、料酒、淀粉、炸鸡粉、植物油各适量。

1 鸡腿肉洗净,用刀背剁松,切成小块,加上鸡蛋清、精盐、生抽、胡椒粉、料酒和淀粉拌匀,腌渍20分钟。

2 锅置火上,加上植物油烧至六成热,把鸡肉块裹上一层炸鸡粉,放入油锅内炸至色泽金黄、酥脆即成。

醉蟹钳

原料: 蟹钳500克。

调料: 姜片、蒜瓣、花椒、干辣椒、生抽、白糖、白酒、鸡精各适量。

1 取一干净容器,加上姜片、蒜瓣、花椒、干辣椒、生抽、白糖、白酒、鸡精拌匀成腌泡料。

2 蟹钳用刀拍裂,放入盛有腌泡料的容器内,再把容器密封,腌泡7天,食用时取出即可。

酸辣海带条

原料: 鲜海带400克,红辣椒10克。

调料: 蒜瓣25克,精盐、味精、白糖、米醋各适量。

1 鲜海带用清水漂洗干净,去掉黏液,切成长条,放入沸水锅内焯烫一下,捞出,用冷水过凉,挤去水分。

2 蒜瓣去皮、拍散;红辣椒去蒂、切碎,全部放在容器内,加入海带条、精盐、味精、白糖、米醋拌匀即成。

米饭达人

米的种类虽然不像蔬菜或水果那样繁多，但真正到超市看看，各式各色的米也会让人眼花缭乱。家庭中最常用的米如大米、糯米、香米、黑米、糙米、玉米、高粱米、小米等，口味不同，功能各异，各具特色。

饭团制作

1. 把大米饭放在米饭模内。
2. 轻轻按压几下。
3. 盖上米饭模盖。
4. 按压一下，再翻扣取出饭团。
5. 把海苔放在压花板上按压。
6. 把压好的海苔放在饭团上即可。
7. 可爱的猫咪饭团就完成了。

蒸饭小窍门

在淘洗干净的大米中加上少许精盐和植物油拌匀，然后加水蒸煮，这样做出的米饭软糯清香，富有光泽。

如果使用陈米蒸饭，需要把陈米淘洗干净，用清水浸泡2小时，捞出、沥水，再放入锅内，加上适量的热水和少许熟猪油搅拌均匀，用旺火煮沸后，改用小火焖制成米饭，味道同新米一样新鲜。

通常在焖米饭时在水中加上几滴植物油或动物油脂，不仅米饭松散、味香，还不会糊锅底。

在蒸煮米饭时，可以放入2%的麦片或豆类一起蒸煮，成熟米饭不但好吃，而且富含营养。

夏天煮饭时按150克大米加上2~3毫升米醋或柠檬汁，蒸煮出来的米饭更加洁白，不易变质，也无酸味。

剩米饭再蒸时，可以在剩米饭内加入少许精盐调匀后蒸煮，这样蒸出的米饭和刚蒸的饭一样可口。

寿司制作

1. 把各种食材切成细条。
2. 寿司竹帘上面放上海苔。
3. 米饭加上寿司醋拌匀，放在海苔上。
4. 把米饭平整地铺在海苔上。
5. 米饭上面铺上食材。
6. 从食材一侧卷起海苔。

7. 用寿司竹帘将卷压实。
8. 压紧后去掉寿司竹帘。
9. 取出寿司，放在案板上。
10. 用刀具把寿司切成小块。
11. 美味的寿司制作完成。

酱油炒饭

原料: 大米饭300克,叉烧肉50克,鸡蛋1个。

调料: 香葱花10克,酱油、白糖、味精、胡椒粉、植物油各适量。

1 叉烧肉切成小片;鸡蛋磕入碗中,搅成鸡蛋液;净锅置火上,加上植物油烧热,下入香葱花炒出香味。

2 加入叉烧肉片、酱油、白糖、味精、胡椒粉略炒,下入大米饭炒匀,淋入鸡蛋液翻炒至定浆即可。

滑蛋蟹柳饭

原料: 大米饭200克,蟹足棒2根,鸡蛋1个,芦笋丁、香菇丁各20克。

调料: 精盐、味精、胡椒粉、香油各1小匙,鲜汤适量。

1 蟹足棒剥去薄膜,切成段;鸡蛋磕入碗中搅匀成鸡蛋液;芦笋丁、香菇丁放入沸水锅内焯烫一下,捞出、沥水。

2 锅内加入鲜汤、精盐、味精、胡椒粉、芦笋丁、香菇丁、蟹足棒烧沸,淋入鸡蛋液和香油,浇在大米饭上即可。

鳝鱼蒸饭

原料: 大米125克,净鳝鱼1条。

调料: 姜块50克,精盐1小匙,酱油2小匙,熟猪油1大匙。

1 姜块切成小片,放在碗内,捣烂取姜汁;净鳝鱼切成小段,加入姜汁、酱油、熟猪油和精盐,腌渍15分钟。

2 大米洗净,放入盆内,加入清水,入笼蒸40分钟,放上鳝鱼段,继续旺火蒸20分钟至熟香即成。

玉米蔬菜饭

原料: 大米75克, 嫩玉米粒50克, 黄瓜、胡萝卜各25克。

1 嫩玉米粒用清水洗净, 沥水; 胡萝卜去皮, 洗净, 切成小丁; 黄瓜洗净, 也切成小丁; 大米淘洗干净。

2 大米放在容器内, 加上清水, 上屉蒸15分钟, 加上玉米粒、胡萝卜丁和黄瓜丁, 再蒸5分钟即成。

绿豆米饭

原料: 大米100克, 绿豆25克。

1 大米用清水淘洗干净, 沥净水分; 绿豆去掉杂质, 放在容器内, 加上温水浸泡约6小时, 沥去水分。

2 把绿豆、大米放在容器内拌匀, 倒入适量的清水, 放入蒸锅内, 用旺火蒸约20分钟至熟即成。

红豆饭

原料: 大米75克, 红豆15克。

1 把大米用清水淘洗干净, 沥净水分; 红豆去掉杂质, 放在容器内, 加上温水浸泡4小时, 沥水。

2 将大米、红豆放在容器内拌匀, 倒入适量的清水, 放入蒸锅内, 用旺火蒸约20分钟至熟即成。

薏仁玉米饭

原料: 薏米60克, 玉米40克。

1 薏米去掉杂质, 放在容器内, 加上温水浸泡6小时, 沥去水分; 玉米取玉米粒, 用清水淘洗干净。

2 把薏米、玉米粒放在容器内, 倒入适量的清水, 放入蒸锅内, 用旺火蒸约20分钟至熟即成。

风味主食
FENGWEIZHUSHI

便当的主食除了上面介绍的米饭外，还可以选择其他各种主食，比如玉米饽饽、风味饼、各式小花卷、发糕、翡翠饼等，还有各种炒面、盖面、通心粉等等，当然各种煎饺、水煎包、锅贴等也是非常好的选择。

玉米饽饽

原料: 玉米面300克，黄豆面100克。
调料: 小苏打少许。

1 玉米面、黄豆面放在容器内，加上适量的热水搅匀成比较软的面团，加上小苏打拌匀，盖上湿布饧发2小时。

2 取适量面团，团成圆锥形(或其他形状)成饽饽生坯，放入蒸锅内，用旺火蒸20分钟至熟即成。

荷叶饼

原料: 面粉500克，酵母粉15克。
调料: 白糖3大匙，熟猪油1大匙，植物油2大匙。

1 面粉加入白糖、酵母粉、熟猪油揉匀成面团，放在案板上，擀成长方形面皮，用小碗扣成圆形饼皮。

2 在饼皮表面刷上一层植物油，再对折成半圆形，在上面剞上井字花刀，饧45分钟，然后入笼蒸8分钟至熟即可。

花卷

原料: 面粉500克。
调料: 白糖3大匙，泡打粉2小匙，植物油4大匙。

1 面粉放入容器中，加入泡打粉搅拌均匀；白糖放在热水中溶化，倒入面粉中和成软面团略饧，擀成大片。

2 面片上抹上植物油，相对折叠，切成条，将3根面条放在一起，用手捏住两头卷成花卷，放入蒸锅内蒸15分钟即成。

韭菜肉馅包

原料: 发酵面团450克, 韭菜末250克, 猪肉末150克。

调料: 葱末、姜末各10克, 精盐、香油各2小匙, 黄酱1大匙。

1　猪肉末、韭菜末加入香油、黄酱、精盐、葱末、姜末拌匀成馅料。

2　发酵面团搓成长条, 下成面剂, 擀成中间稍厚, 四周稍薄的圆皮, 包入馅料成生坯, 用旺火蒸20分钟即成。

煎饺

原料: 面粉400克, 猪肉末250克。

调料: 葱花、姜末各10克, 精盐1小匙, 酱油、味精、植物油各适量。

1　面粉放入小盆中, 用热水烫成面絮, 再揉匀成面团, 搓成长条状, 揪成面剂; 猪肉末加上调料拌匀成馅料。

2　面剂擀成圆面皮, 包入馅料成生坯, 放入刷有植物油的平锅内, 淋入少许凉水, 加盖后煎至水干、熟香即成。

羊肉小煎包

原料: 发酵面团250克, 羊肉150克。

调料: 葱末10克, 精盐2小匙, 酱油1小匙, 味精少许, 植物油2小匙。

1　将羊肉剁成末, 加入精盐、酱油、葱末、味精和少许清水, 搅匀成馅料; 发酵面团搓成长条, 揪成面剂。

2　把面剂按扁成面皮, 包入馅料, 捏严收口成包子生坯, 放入刷有植物油的平锅内煎至两面金黄、熟透即成。

玉面蒸饺

原料: 玉米面、面粉、牛肉萝卜馅各300克。

调料: 泡打粉少许。

1　玉米面、面粉、泡打粉放入容器内拌匀, 加上温水和成面团, 搓成长条, 揪成剂子, 按扁后擀成圆面皮。

2　在圆面皮中间放上牛肉萝卜馅, 捏成饺子生坯, 摆入蒸锅内, 用旺火蒸约15分钟至熟即成。

家常炒面

原料： 面条300克，猪肉丝、番茄、菜心各少许。

调料： 精盐、酱油、味精、白糖、清汤、植物油、香油各适量。

1 面条下入沸水锅中煮至熟，捞出、过凉；番茄洗净，切成小片。

2 锅内加上植物油烧热，放入猪肉丝炒至变色，加入番茄、菜心炒匀，加上面条、调料翻炒均匀，淋上香油即成。

酸辣捞面

原料： 玉米面条200克，海带丝、绿豆芽各30克，香菜段10克。

调料： 蒜末15克，酱油、米醋、精盐、味精、香油、辣椒油各适量。

1 小碗内加入酱油、米醋、精盐、味精、蒜末、香油、辣椒油拌匀成酸辣汁。

2 把玉米面条放入清水锅内煮熟，捞出、过凉，放在容器内，加上海带丝、绿豆芽、香菜段，浇入酸辣汁即成。

辣子鸡块面

原料： 面条300克，鸡腿块200克。

调料： 干辣椒、青椒圈、精盐、味精、料酒、酱油、鸡汤、植物油各适量。

1 面条放入清水锅内煮至熟，捞出、过凉，沥水后装盘；锅中加油烧热，下入干辣椒炝锅，加上鸡腿块炒至变色。

2 烹入料酒、酱油，加入鸡汤、精盐烧沸，改用小火焖至鸡块熟烂，加上青椒圈和味精，出锅浇在面条上拌匀即成。

炒通心粉

原料： 通心粉200克，青椒30克，红椒20克。

调料： 精盐、黑胡椒、橄榄油各少许。

1 青椒、红椒分别去蒂、去籽，洗净，切成细丝；通心粉放入沸水锅内，用旺火煮约8分钟至熟，捞出、沥水。

2 净锅置火上，加上橄榄油烧热，加入青椒丝、红椒丝炝锅，放入通心粉、精盐、黑胡椒翻炒均匀即成。

发糕

原料: 面粉300克,玉米面100克,净红枣25克。

调料: 发酵粉1小匙,白糖2大匙,植物油少许。

1 将面粉、玉米面一同放入容器内拌匀,加上清水、白糖搅匀成糊,再放入发酵粉搅匀成面糊。

2 把面糊倒在抹有植物油的圆形模具内,上面按上净红枣,放入蒸锅内,用旺火蒸20分钟至熟,取出切块即成。

风味饼

原料: 面粉500克,芝麻50克。

调料: 精盐、味精各1小匙,植物油100克。

1 面粉50克加入植物油50克和成清油酥;剩余面粉加入清水、植物油、精盐和味精,揉成面团,下成面剂。

2 面剂擀成长方形,抹上清油酥,叠成3层,再从一端卷起,擀成饼状,撒上芝麻,放入平锅内烙至金黄、熟透即可。

翡翠饼

原料: 面粉300克,菠菜汁100克,白糖馅适量,鸡蛋1个。

调料: 精盐、植物油、牛奶各适量。

1 面粉放在容器内,磕入鸡蛋,加上菠菜汁、精盐和牛奶调匀,揉搓成面团,盖上湿布饧20分钟,分成面剂。

2 把面剂按扁,放上白糖馅,封口后搓圆,再压扁成饼坯,放入刷油的平锅内,用中火煎至两面熟香即成。

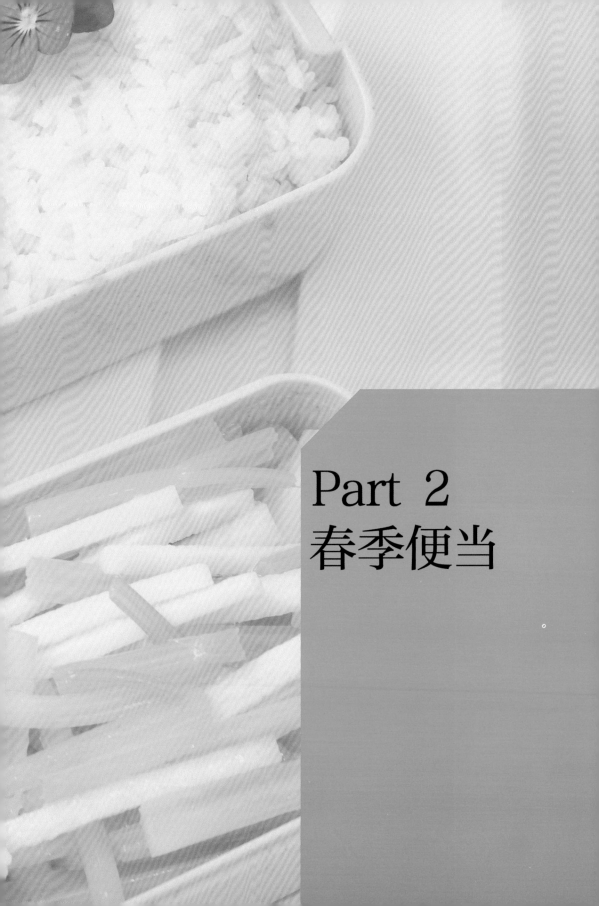

Part 2
春季便当

香煎虾饼+山药炝西芹便当

米饭

拌肚丝

香煎虾饼

山药炝西芹

香煎虾饼 20分钟

原料: 虾仁200克,清水荸荠50克,鸡蛋清1个。

调料: 精盐、胡椒粉、香油各少许,淀粉2小匙,植物油2大匙。

制作步骤

1 清水荸荠沥水,剁成碎末;把虾仁去掉虾线,轻轻攥去水分,用刀背压成虾蓉。

2 虾蓉放在容器内,加上精盐、鸡蛋清、胡椒粉和淀粉搅拌均匀至上劲,再加上荸荠碎、香油拌匀,做成直径4厘米大小的虾饼生坯。

3 平底锅置火上,加上植物油烧热,放入虾饼生坯煎至色泽黄亮、熟香,出锅装盒即成。

山药炝西芹 10分钟

原料 · 调料

西芹	150克
山药	100克
葱段	15克
花椒	3克
精盐	1/2小匙
植物油	1大匙

制作步骤

1 西芹去掉菜根和叶,取西芹嫩茎,切成小条;山药削去外皮,放在淡盐水中浸泡片刻,捞出、沥水,也切成小条。

2 净锅置火上,加上清水和少许精盐烧沸,下入西芹条和山药条焯烫一下,捞出、过凉,沥水,放在容器内。

3 锅内加上植物油烧热,加入葱段、花椒炸出香味,捞出花椒、葱段不用,把热油浇淋在山药西芹上即成。

TIPS

春季时节,用山药加上西芹炝拌成菜,配上用鲜美的虾仁煎制而成的香煎虾饼,口味非常的鲜香,最适合小朋友食用。

便当组合

主菜: 香煎虾饼
配菜: 山药炝西芹
其他: 米饭
拌肚丝(P26)

烤豆干+鸡蛋韭黄便当

烤豆干 [25分钟]

原料: 豆腐干250克。

调料: 芝麻酱1大匙,生抽2小匙,辣椒粉、花椒粉、孜然粉、五香粉各少许。

制作步骤

1 把大的豆腐干切成块;芝麻酱放在小碗内,加上生抽拌匀成酱料;辣椒粉、花椒粉、孜然粉和五香粉调拌均匀成粉料。

2 豆腐干表面刷上酱料,码放在烤盘上腌渍10分钟,再均匀地撒上调制好的粉料。

3 把烤盘放入预热的烤箱内,用160℃烤约10分钟,取出,装盒即成。

鸡蛋韭黄 [5分钟]

原料·调料

鸡蛋	3个
韭黄	100克
香葱	5克
精盐	1小匙
胡椒粉	少许
植物油	2大匙

制作步骤

1 鸡蛋磕在碗里打散、搅匀,加上少许精盐、胡椒粉和1大匙温水,再次搅匀;韭黄用清水洗净,沥净水分,切成4厘米长的小段;香葱洗净,切成小段。

2 净锅置火上烧热,加入植物油烧至六成热,倒入鸡蛋液快速翻炒至刚刚凝结。

3 放入韭黄段翻炒30秒,加上香葱段和精盐翻炒均匀,出锅装盒即成。

TIPS

外面卖的烤豆干总是那么诱人,但是卫生状况不敢恭维。如果有时间,在家自己做个烤豆干,用料卫生还健康,非常适合减肥者解馋。

便当组合
主菜: 烤豆干
配菜: 鸡蛋韭黄
其他: 风味饼(P35)
蒸南瓜 水果

水果

风味饼

蒸南瓜

烤豆干

鸡蛋韭黄

水果

米饭

水煮蛋

酱烧鸡块

粉丝白菜心

酱烧鸡块+粉丝白菜心便当

酱烧鸡块 [25分钟]

原料: 鸡肉1块(约300克)。

调料: 大葱、姜块、蒜瓣、八角、香叶各少许,精盐、豆瓣酱、酱油、料酒、植物油各适量。

制作步骤

1　鸡肉洗净,切成大小均匀的小块,放在容器内,加上精盐和酱油拌匀;大葱切成小段;姜块切成片。

2　净锅置火上,加上植物油烧至六成热,下入葱段、姜片、蒜瓣、八角、香叶炒出香味,加入豆瓣酱、鸡块煸炒至上色。

3　烹入料酒,加入适量热水烧沸,盖上锅盖,用中火烧约10分钟,改用旺火收浓味汁,出锅装盒即成。

粉丝白菜心 [25分钟]

原料·调料

白菜150克,粉丝10克。

八角1个,葱花5克,精盐1小匙,生抽、五香粉、香油各少许,植物油1大匙。

制作步骤

1　粉丝用温水浸泡至软,捞出、沥水,剪成段;白菜去根和菜帮,取嫩白菜叶,撕成大块,洗净。

2　净锅置火上,加上植物油烧至五成热,下入八角和葱花炝锅出香味,放入白菜块煸炒至软。

3　放入水发粉丝段、精盐、生抽和五香粉翻炒均匀,淋上香油,出锅装盒即成。

TIPS

　　酱烧所用的酱料,各地有所不同,北方地区多用甜面酱、大酱烧制,川菜更多用豆瓣酱、辣椒酱,而粤菜多使用沙茶酱。

便当组合

主菜: 酱烧鸡块
配菜: 粉丝白菜心
其他: 水煮蛋 米饭 水果

蚝油焖肉+葱香蛋饼便当

蚝油焖肉 [30分钟]

原料: 五花猪肉末25克, 芥蓝段75克。

调料: 葱末、姜末各5克, 精盐1小匙, 蚝油、料酒、淀粉各1大匙, 白糖、水淀粉、香油各少许, 酱油2小匙, 植物油适量。

制作步骤

1 五花猪肉末放在容器内, 加上葱末、姜末、精盐、酱油和淀粉拌匀, 制成直径4厘米大小的肉饼生坯。

2 净锅置火上, 加上植物油烧热, 放入肉饼生坯煎至两面上色, 烹入料酒, 加上蚝油、白糖和热水煮沸。

3 加入芥蓝段, 用中火烧焖几分钟至熟香, 用水淀粉勾芡, 淋上香油, 出锅装盒即成。

葱香蛋饼 [10分钟]

原料·调料

鸡蛋	2个
香葱花	10克
面粉	1大匙
精盐	1/2小匙
牛奶	2大匙
植物油	少许

制作步骤

1 鸡蛋磕入大碗内, 加上精盐、面粉和牛奶搅拌一下, 静置几分钟, 放入香葱花搅拌均匀成鸡蛋糊。

2 不粘锅置火上烧热, 刷上植物油烧热, 倒入鸡蛋糊, 迅速转动不粘锅, 使蛋糊均匀分布成蛋饼。

3 用中小火煎至蛋饼表面蛋液全部凝固, 出锅, 切成条块, 装盒上桌即成。

便当组合

主菜: 蚝油焖肉
配菜: 葱香蛋饼
其他: 什锦菜(P22)

米饭 水果

TIPS

打开冰箱, 只剩下一些五花猪肉末和芥蓝, 索性把猪肉末做成美味的肉饼, 配上芥蓝烧焖成一道荤素搭配的美味。

水果

蚝油焖肉

米饭

蔥香蛋饼

什锦菜

五香酱鸭+软炸虾便当

水果----▷

----酱油炒饭

煎蛋---▷

姜汁西蓝花

软炸虾

----五香酱鸭

五香酱鸭 45分钟

原料: 鸭腿2只。

调料: 葱段、姜块各15克, 料酒、甜面酱各2大匙, 生抽1大匙, 精盐少许, 五香卤肉料、植物油各适量。

制作步骤

1 鸭腿去掉绒毛, 洗净血污, 擦净水分, 加上生抽、料酒和精盐拌匀, 腌渍10分钟, 放入烧至六成热的油锅内炸至呈金黄色, 捞出、沥油。

2 原锅留少许底油, 复置火上烧热, 加入甜面酱炒香, 加上清水、葱段、姜块、五香卤肉料烧沸。

3 放入鸭腿, 用小火卤酱30分钟至熟香, 捞出鸭腿, 剁成条块即成。

软炸虾 10分钟

原料 · 调料	
大虾	150克
鸡蛋清	1个
淀粉	4小匙
面粉	2大匙
精盐	1小匙
料酒	少许
植物油	适量

制作步骤

1 大虾去掉虾头、虾壳(留虾尾), 从背部切开, 去掉虾线, 用刀的刀尖在虾肉上剁几刀, 加上少许精盐和料酒拌匀, 腌渍几分钟。

2 鸡蛋清放在碗里, 加上淀粉、面粉、精盐拌匀成糊, 放入大虾挂匀(注意虾尾不挂糊)。

3 锅内加上植物油烧至五成热, 下入大虾炸至色泽金黄, 捞出、沥油, 装盒即成。

TIPS

五香酱鸭皮酥香、肉鲜嫩、味香浓, 制作时如果五香卤肉料买不到, 可以用十三香, 或者如下配方代替: 八角2个, 香叶2片, 桂皮1小块, 小茴香、花椒各1小把, 干辣椒适量。

便当组合

主菜: 五香酱鸭

配菜: 软炸虾 姜汁西蓝花(P22) 煎蛋

其他: 酱油炒饭(P30) 水果

油泼金针菇+家焖带鱼便当

油泼金针菇 〔10分钟〕

原料: 金针菇150克,青红椒丝各5克。

调料: 葱丝10克,蒜末、精盐、白糖、米醋、酱油各少许,
植物油2大匙。

制作步骤

1 金针菇切去根,放入淡盐水中浸泡片刻,取出、撕散,放入沸水锅内焯烫一下,捞出,用冷水过凉,沥净水分,码放在盘内。

2 把酱油、精盐、白糖、米醋放小碗内调匀成味汁,淋在金针菇上,摆上葱丝、青红椒丝。

3 净锅置火上,加上植物油烧至九成热,放入蒜末爆香,淋在金针菇上即成。

家焖带鱼 〔30分钟〕

原料·调料

净带鱼1条。

葱段、姜片各10克,精盐1小匙,料酒、米酒、酱油各1大匙,白糖、淀粉各少许,植物油适量。

制作步骤

1 净带鱼表面剞上一字花刀,剁成段,加上少许精盐、料酒拌匀,腌渍10分钟,两面拍一层淀粉,放入油锅内煎至两面上色。

2 烹入料酒,加上葱段、姜片、白糖、酱油、精盐、米酒和少许温水烧煮至沸,撇去浮沫,用中火烧焖至带鱼段熟香入味,出锅装盒即成。

TIPS

　　油泼金针菇是一道快捷的家常菜,除了把金针菇进行焯水处理外,还可以把金针菇蒸几分钟,取出后淋上蒸鱼豉油等,口味也非常鲜嫩爽口。

便当组合

主菜: 油泼金针菇
配菜: 家焖带鱼
其他: 清水芥蓝
(P22) 二米饭

清水芥蓝

油泼金针菇

家焖带鱼

二米饭

水果

米饭

辣炒笋干

清蒸狮子头

便当 清蒸狮子头+辣炒笋干便当

清蒸狮子头 [90分钟]

原料: 五花肉200克, 白菜心100克, 莲藕50克, 枸杞子少许。

调料: 葱姜水2大匙, 精盐1小匙, 料酒1大匙, 胡椒粉1/2小匙。

制作步骤

1 莲藕去皮, 洗净, 切成碎粒; 五花肉剁成蓉, 加上莲藕碎、精盐、料酒、胡椒粉、葱姜水打匀成馅料。

2 砂锅底层铺入一层白菜心, 把馅料团成大丸子, 放入砂锅中, 加上清水、少许精盐, 盖上砂锅盖, 放入蒸锅内。

3 烧沸后用小火蒸约1小时, 再加上枸杞子, 继续蒸10分钟, 出锅装盒即成。

辣炒笋干 [30分钟]

原料 · 调料

笋干100克, 青辣椒、红辣椒各25克。

葱末、姜末、蒜末各5克, 豆瓣酱1大匙, 精盐、白糖各1小匙, 料酒、酱油各2小匙, 植物油适量。

制作步骤

1 笋干用清水涨发, 放入沸水锅内煮10分钟, 捞出、沥水, 切成小条; 青辣椒、红辣椒去蒂, 切成丁。

2 锅内加入植物油烧热, 加上葱末、姜末、蒜末炒出香味, 放入青辣椒丁、红辣椒丁和豆瓣酱炒出香辣味。

3 加上笋干条, 烹入料酒, 用旺火翻炒几下, 加上精盐、白糖、酱油炒匀, 出锅装盒即成。

TIPS

要做好吃的狮子头, 肉最好是七分瘦、三分肥, 如果允许的话, 肉要切成碎粒而不是剁成肉蓉, 并且最好摔打至上劲, 而不是用搅拌的方法。

便当组合
主菜: 清蒸狮子头
配菜: 辣炒笋干
其他: 米饭 水果

便当 海参烧蹄筋+虫草土豆丝便当

水果

海参烧蹄筋

红豆饭

虫草土豆丝

海参烧蹄筋 [20分钟]

原料: 水发海参、水发蹄筋各150克。

调料: 大葱25克，精盐1小匙，料酒、酱油各1大匙，白糖、味精、花椒油各少许，植物油、清汤、水淀粉各适量。

制作步骤

1　水发海参去掉内脏和杂质，洗净，切成条；水发蹄筋去除杂质，放入沸水锅内焯煮一下，捞出、过凉、沥水，切成小段；大葱切成滚刀块。

2　净锅置火上，加上植物油烧热，放入大葱块炒至变色，加入水发蹄筋段翻炒几下。

3　放入水发海参、清汤、精盐、料酒、白糖、酱油和味精烧至入味，用水淀粉勾芡，淋上花椒油即成。

虫草土豆丝 [10分钟]

原料 · 调料

土豆150克，新鲜虫草花15克。

葱丝10克，精盐1小匙，生抽、胡椒粉各少许，料酒、香油、植物油各适量。

制作步骤

1　土豆削去外皮，洗净，先切成薄片，再切成细丝；新鲜虫草花洗净，掐去根部，再放入清水内浸泡5分钟，捞出、沥水。

2　净锅置火上，加上植物油烧热，加入葱丝、土豆丝和虫草花，用旺火翻炒1分钟。

3　烹入料酒，加上精盐、胡椒粉和生抽翻炒均匀，淋上香油，出锅装盒即成。

TIPS

　　海参烧蹄筋酱香浓郁，味道鲜美，软嫩适口，还含有丰富的胶原蛋白。胶原蛋白对皮肤有非常重要的作用，海参、蹄筋均富含胶原蛋白，对身体有非常好的补益功效。

便当组合
主菜: 海参烧蹄筋
配菜: 虫草土豆丝
其他: 红豆饭(P31)
水果

滑炒里脊+麻辣鳕鱼便当

滑炒里脊 [10分钟]

原料： 猪里脊肉200克，胡萝卜、青椒各25克。

调料： 姜丝5克，料酒、生抽、黑胡椒粉、白糖、香油各少许，淀粉、植物油各适量。

制作步骤

1 猪里脊肉去筋膜，横切成薄片，放在碗内，加上生抽、料酒和淀粉拌匀、上浆；胡萝卜去皮，切成片；青椒去蒂，切成小块。

2 净锅置火上，加上植物油烧热，下入姜丝炒香，放入里脊肉片炒至变色、微干。

3 加上青椒块和胡萝卜片炒匀，烹入料酒，加上黑胡椒粉、生抽、白糖稍炒，淋上香油，出锅装盒即成。

麻辣鳕鱼 [25分钟]

原料·调料

净鳕鱼1条。

葱段、姜片、蒜瓣、八角、花椒各少许，精盐、米醋、白糖、料酒、豆瓣酱、淀粉、植物油各适量。

制作步骤

1 净鳕鱼剁成段，加上少许精盐、料酒和淀粉拌匀、挂糊，放入热油锅内冲炸一下，捞出、沥油。

2 锅内留少许底油烧热，加上葱段、姜片、蒜瓣、八角和花椒炒出香辣味，加上豆瓣酱炒出红油。

3 放入鳕鱼段，烹入料酒炒2分钟，加上清水、米醋、白糖和精盐烧至入味，用旺火收浓汤汁即成。

TIPS

滑炒里脊要把肉片炒得好吃，需要注意切肉片要横切成片，把筋膜切断；肉片加上淀粉等腌渍几分钟；炒制时锅内油温不宜过热，快速翻炒即可。

便当组合
主菜：滑炒里脊
配菜：麻辣鳕鱼
白灼秋葵(P134)
其他：米饭

麻辣鳕鱼

滑炒里脊

米饭

白灼秋葵

炝拌芹菜丝

芝麻排骨

米饭

煎焖豆腐

煎焖豆腐+芝麻排骨便当

煎焖豆腐 15分钟

原料: 豆腐200克,青椒、胡萝卜、洋葱各15克。

调料: 蒜片5克,清汤3大匙,精盐1小匙,酱油、鸡精、香油各少许,植物油适量。

制作步骤

1 豆腐切成三角块;青椒、洋葱分别洗净,切成小块;胡萝卜去皮,切成菱形片。

2 锅内加上植物油烧至七成热,撒上蒜片,摆上豆腐块煎至两面色泽金黄,滗去多余油脂,加上清汤烧沸。

3 加上胡萝卜片、洋葱块和青椒块,放入精盐、酱油和鸡精调好口味,用旺火收浓汤汁,淋上香油即成。

芝麻排骨 45分钟

原料 · 调料

排骨300克,洋葱块30克,芝麻15克。

葱段、姜片各10克,葱末、姜末各少许,精盐、料酒、番茄酱、白醋、白糖、植物油各适量。

制作步骤

1 排骨剁成小块,放入沸水锅内焯烫出血水,捞出,加上葱段、姜片和料酒拌匀,上屉蒸20分钟,取出。

2 锅置火上,加上植物油烧热,下入葱末、姜末炝锅,放入番茄酱炒出红色,加入排骨块炒匀。

3 加上白醋、精盐、白糖和洋葱块稍炒,用旺火收汁,撒上芝麻,出锅装盒即成。

TIPS

此便当虽然名字叫煎焖豆腐,其实就是我们常见的家常豆腐。制作时我更喜欢把豆腐块煎的老一些,变成金黄色,口感会更酥香。

便当组合

主菜: 煎焖豆腐

配菜: 芝麻排骨

炝拌芹菜丝(P23)

其他: 米饭

花椒牛肉 + 萝卜干炒粉便当

花椒牛肉 [20分钟]

原料： 牛肋条肉200克，芹菜30克。

调料： 鲜花椒、仔姜、红辣椒各10克，精盐、胡椒粉、白糖、生抽、花椒油、料酒、植物油各适量。

制作步骤

1　仔姜、芹菜切成小条；牛肋条肉切成条块，加上精盐、胡椒粉和白糖拌匀，放入油锅内浸至熟嫩，捞出。

2　锅内留少许底油，复置火上烧热，加入鲜花椒、仔姜条、红辣椒炒出麻辣味，加上牛肉条炒匀。

3　烹入料酒，加上芹菜条、精盐、生抽，用旺火翻炒片刻，淋上花椒油，出锅装盒即成。

萝卜干炒粉 [15分钟]

原料 · 调料

萝卜干100克，粉条50克。

姜丝、红辣椒各5克，精盐、酱油各1小匙，米醋2大匙，香油少许，植物油2大匙。

制作步骤

1　萝卜干用清水洗净，控净水分，切成小条；粉条用冷水浸泡至软，放入沸水锅内煮2分钟，捞出、过凉。

2　锅内加上植物油烧热，加上姜丝和红辣椒炝锅出香味，放入萝卜干条煸炒至软，加入水发粉条翻炒几下。

3　放入精盐、酱油、米醋和少许清水煮至沸，转中火稍焖片刻，淋上香油，出锅装盒即成。

便当组合　主菜：花椒牛肉
配菜：萝卜干炒粉
其他：紫米饭 水果

TIPS

萝卜干炒粉是一款家常风味菜肴，成菜色泽淡雅，酸鲜味美。制作时需要注意，加入水发粉条后要不断翻炒，以免粉条粘锅。

水果

HOME NATURALS
MADE IN THAILAND

花椒牛肉

萝卜干炒粉

紫米饭

培根炒菇菜+酸辣鱼皮丝便当

水果

酸辣鱼皮丝

培根炒菇菜

蒸山药、玉米、南瓜

培根炒菇菜 15分钟

原料: 培根片、油菜各100克, 鲜香菇50克。

调料: 蒜瓣10克, 精盐1/2小匙, 鸡精、香油、植物油各少许。

制作步骤

1 培根片切成块; 鲜香菇去蒂、洗净, 切成块, 放入沸水锅内焯烫一下, 捞出、过凉; 油菜去根和老叶, 洗净, 切成段; 蒜瓣去皮, 剁成蓉。

2 净锅置火上, 加上植物油烧至五成热, 放入培根块煸炒出香味, 加入香菇块翻炒一下。

3 加入油菜段炒至熟, 撒上蒜蓉炒香, 加上精盐、鸡精调好口味, 淋上香油, 出锅装盒即成。

酸辣鱼皮丝 10分钟

原料 · 调料

水发鱼皮	200克
泡红椒	1个
精盐	1小匙
白糖	少许
米醋	2小匙
花椒油	少许
植物油	1大匙

制作步骤

1 水发鱼皮洗净, 切成5厘米长的细条; 泡红椒去蒂、去籽, 切成椒圈, 淋上烧热的植物油烫出香味。

2 净锅置火上, 放入清水和少许精盐烧沸, 倒入水发鱼皮焯烫10秒, 捞出, 用冷水过凉, 沥净水分。

3 水发鱼皮加上精盐、白糖、米醋、花椒油调拌均匀, 再加上泡红椒圈拌匀即成。

TIPS

培根炒菇菜是家常风味菜肴, 制作上可以把培根片直接放热锅内煎一下, 取出后再切成块; 另外如果喜欢吃辣的朋友, 可以加入豆瓣酱或辣豆豉, 味道也一样出色。

便当组合

主菜: 培根炒菇菜

配菜: 酸辣鱼皮丝

其他: 蒸山药、玉米、南瓜 水果

沙葱爆羊肉+茄汁螺丝面便当

沙葱爆羊肉 〔20分钟〕

原料: 羊里脊肉200克, 沙葱50克。

调料: 葱末5克, 精盐1小匙, 料酒、酱油各2小匙, 白糖、淀粉各少许, 植物油适量。

制作步骤

1　羊里脊肉切成片, 加上精盐、酱油、白糖、葱末和淀粉拌匀、上浆; 沙葱去掉黄色部分, 洗净, 切成段。

2　净锅置火上, 加上少许植物油烧热, 放入沙葱段炒出香味, 撒上精盐, 出锅。

3　净锅复置火上, 加上植物油烧热, 倒入上浆的羊肉片, 快速炒至变色, 烹入料酒, 加入沙葱段炒匀即成。

茄汁螺丝面 〔15分钟〕

原料 · 调料

螺丝面	150克
番茄	1个
黄瓜	50克
精盐	1小匙
番茄酱	1大匙
白糖	少许
植物油	2大匙

制作步骤

1　黄瓜洗净, 切成细丝; 番茄去蒂, 洗净, 放在碗内, 加入沸水稍烫, 剥去外皮, 切成碎粒。

2　净锅置火上, 加入清水和少许精盐烧沸, 倒入螺丝面煮约8分钟至熟, 捞出螺丝面, 加上少许植物油和黄瓜丝拌匀, 码放在便当盒内。

3　锅内加上植物油烧热, 加入番茄酱、番茄碎粒炒至浓稠, 加入白糖和精盐炒匀, 淋在螺丝面上即成。

TIPS

　　沙葱爆羊肉中使用的沙葱别名蒙古韭, 多年生草本植物, 常生长于海拔较高的砂壤土中, 因其形似幼葱, 故称沙葱。

便当组合
主菜: 沙葱爆羊肉
配菜: 拌茭白(P23)
其他: 茄汁螺丝面

沙葱爆羊肉

拌茭白

茄汁螺丝面

盐水菜心

水果

木瓜山药条

米饭

鲜虾洋葱丸

鲜虾洋葱丸+木瓜山药条便当

鲜虾洋葱丸 15分钟

原料： 虾仁200克，洋葱75克，肥膘肉50克，鸡蛋清1个。

调料： 精盐1小匙，花椒粉、淀粉、植物油各适量。

制作步骤

1　虾仁剔去虾线，冲洗干净，挤干水分，剁成虾蓉；肥膘肉剁成蓉；洋葱洗净，剁成碎粒。

2　虾蓉放在容器内，加上鸡蛋清、精盐、花椒粉、肥膘肉蓉、洋葱碎粒和淀粉搅拌至带有黏性成馅料。

3　馅料团成直径2厘米大小的丸子，放入烧至五成热的油锅内炸至色泽金黄，捞出、沥油，装盒即成。

木瓜山药条 10分钟

原料·调料

山药	125克
木瓜	100克
精盐	少许
白糖	1大匙
蜂蜜	2小匙

制作步骤

1　山药去根、去皮，放入淡盐水中浸泡片刻，捞出、沥水，切成片；木瓜削去外皮，去掉果核，也切成片。

2　净锅置火上，加上清水和精盐烧煮至沸，下入山药片焯烫至熟，捞出，用冷水过凉，沥净水分。

3　把山药片、木瓜片放在容器内，加上蜂蜜、白糖拌匀，装盒即成。

TIPS

　　鲜虾洋葱丸是一款创新风味菜肴，在传统炸虾丸的基础上，加上肥膘肉和洋葱碎，成品口感更为鲜香适口，营养也更为均衡。

便当组合

主菜：鲜虾洋葱丸
配菜：木瓜山药条
盐水菜心(P23)
其他：米饭 水果

菜花炒肉+手撕饼便当

菜花炒肉 [10分钟]

原料: 菜花250克, 五花肉100克。

调料: 蒜片10克, 精盐1小匙, 料酒2小匙, 生抽1大匙, 香油少许, 植物油4小匙。

制作步骤

1 菜花去掉菜茎, 放入淡盐水中浸泡几分钟, 再换水洗净, 掰成小块; 五花肉切成片。

2 净锅置火上, 加上植物油烧至五成热, 加入蒜片炝锅出香味, 再放入五花肉片煸炒出香味, 烹入料酒。

3 加入生抽翻炒均匀, 倒入菜花块, 用旺火炒至菜花稍软, 加上精盐炒匀, 淋上香油, 出锅装盒即成。

手撕饼 [25分钟]

原料 · 调料

面粉	300克
葱花	15克
精盐	1小匙
五香粉	1/2小匙
植物油	1大匙

制作步骤

1 面粉加上精盐和温水和成较软的面团, 稍饧10分钟, 擀成薄薄的面皮, 涂抹上五香粉、葱花和植物油。

2 将面皮折叠起来, 从面皮的一端开始慢慢卷起, 最后的尾巴塞进面团里, 压扁, 擀成大小相当的饼坯。

3 平锅置火上, 刷上植物油, 放入饼坯煎烙至一面呈黄色, 翻面烙另一面, 并用锅铲敲打饼皮使酥松即成。

便当组合

主菜: 菜花炒肉

配菜: 酱牛肉(P26)
姜汁西蓝花(P22)

其他: 手撕饼 饭团
水果

TIPS

我非常喜欢菜花炒肉这道菜肴, 肥瘦相间的五花肉片, 采用干煸的方式慢慢炒制, 味道特别的香, 加上菜花后, 用中火不断翻炒, 特别适合配米饭或手撕饼食用。

水果

饭团

姜汁西蓝花

菜花炒肉

手撕饼

酱牛肉

五香鸡腿+家常茄条便当

白灼娃娃菜

五香鸡腿

米饭

家常茄条

五香鸡腿 60分钟

原料: 鸡腿400克。

调料: 葱段、姜片各10克,八角、茴香各2克,辣椒5克,精盐1小匙,料酒、生抽、老抽、冰糖、植物油各适量。

制作步骤

1 在鸡腿肉厚处斜切几刀,洗净、沥水,加上精盐、料酒和生抽拌匀,腌渍20分钟。

2 净锅置火上,加上植物油烧至六成热,放入鸡腿煎上颜色,倒入热水,加入料酒、生抽、老抽、葱段、姜片、八角、茴香、辣椒和冰糖烧沸,撇去浮沫。

3 盖上锅盖,用小火烧焖约30分钟至鸡腿熟嫩,把鸡腿翻面,将酱汁不断淋在鸡腿上,出锅装盒即成。

家常茄条 20分钟

原料·调料

茄子300克。

蒜瓣15克,葱末5克,精盐1/2小匙、鲜汤、酱油、甜面酱、白糖、水淀粉、淀粉、香油、植物油各适量。

制作步骤

1 茄子洗净,去蒂、去皮,切成长条,加上少许精盐略腌,挤去水分,加入淀粉拌匀;蒜瓣去皮,剁成蓉。

2 净锅置火上,加上植物油烧至六成热,加入茄条炸至色泽金黄、脆嫩,捞出、沥油。

3 原锅留底油烧热,放入蒜蓉、葱末炝锅,倒入茄条,加上鲜汤烧沸,放入酱油、甜面酱、精盐、白糖调好口味,用水淀粉勾芡,淋上香油,出锅装盒即成。

TIPS

传统上的五香鸡腿是把鸡腿焯烫一下,然后下入冷水锅内,加上各种调料烧焖而成。而今天这款五香鸡腿稍微做了小小的改良,是把腌好的鸡腿放入油锅内煎制一下,味道更佳。

便当组合

主菜: 五香鸡腿
配菜: 家常茄条
白灼娃娃菜(P159)
其他: 米饭

香煎带鱼+竹炭肉馅饺便当

香煎带鱼 [25分钟]

原料： 鲜带鱼1条。

调料： 姜块、蒜瓣各5克，料酒1大匙，精盐1小匙，五香粉少许，面粉、植物油各适量。

制作步骤

1 鲜带鱼去掉头尾、内脏，表面剞上一字刀，洗净，沥水，切成块；姜块去皮，切成片；蒜瓣去皮，拍散。

2 把带鱼块放在容器内，加上姜片、蒜瓣、料酒、精盐、五香粉拌匀，腌渍15分钟，拍上一层面粉并抖散。

3 平锅置火上，加上植物油烧热，放入带鱼块，用中火煎至两面色泽金黄，出锅、沥油，装盒即成。

竹炭肉馅饺 [20分钟]

原料 · 调料

面粉200克，五花肉150克，竹炭粉5克。

葱花、姜末各10克，精盐1小匙，味精、十三香粉各1/2小匙，香油、植物油各适量。

制作步骤

1 五花肉剁成碎末，放在容器内，加入葱花、姜末、精盐、味精、十三香粉、香油、植物油搅匀成馅料。

2 面粉加上竹炭粉拌匀，倒入热水和成面团，揪成面剂，擀成圆皮，包入馅料，捏成饺子生坯。

3 锅中加入清水烧沸，下入饺子生坯，顺一个方向推转，待把饺子煮至熟透、鼓起，捞出装盒即可。

TIPS

带鱼是家庭比较常见的烹饪食材，含有丰富的镁元素，对心血管系统有很好的保护作用，有利于预防高血压、心肌梗死等心血管疾病。

便当组合
主菜：香煎带鱼
配菜：盐水菜心(P23)
其他：竹炭肉馅饺 水果

水果

竹炭肉馅饺

香煎带鱼

盐水菜心

蒜蓉腊豆

香酥鱼块

花卷

玉米

香酥鱼块+蒜蓉腊豆便当

香酥鱼块 [2小时]

原料: 净草鱼半条(约400克)。

调料: 姜片5克, 精盐、料酒、酱油、花椒粉、胡椒粉、淀粉、面粉、植物油各适量。

制作步骤

1 净草鱼洗净血污, 剁成大小均匀的块, 放在小盆内, 先加上精盐、料酒和酱油拌匀, 再加上姜片、花椒粉和胡椒粉搅拌均匀, 用保鲜膜密封, 腌渍入味。

2 锅内加上植物油烧至五成热, 把腌渍好的草鱼块加上淀粉、面粉拌匀, 放入油锅内炸至定型, 捞出。

3 待锅内油温升至七成热时, 再倒入草鱼块进行复炸, 捞出草鱼块, 装盒即成。

蒜蓉腊豆 [10分钟]

原料 · 调料

荷兰豆	250克
腊肠	75克
蒜瓣	10克
精盐	1小匙
白糖	少许
植物油	适量

制作步骤

1 把荷兰豆撕去筋膜, 洗净, 放入清水锅内, 加上少许精盐和植物油焯烫一下, 捞出、过凉, 沥水; 腊肠切成片; 蒜瓣去皮, 剁成蒜蓉。

2 净锅置火上, 加上植物油烧至六成热, 下入一半的蒜蓉炒香, 加入腊肠片和荷兰豆, 用旺火快速翻炒均匀, 加上精盐、白糖炒匀, 撒上另一半蒜蓉即成。

TIPS

香酥鱼块的操作关键是腌渍时间和两次炸烹。腌渍时间长短可以自己定, 时间越久, 入味越好; 两次炸烹可使鱼块外酥里嫩。

便当组合
主菜: 香酥鱼块
配菜: 蒜蓉腊豆
其他: 花卷(P32)
玉米

茄汁大虾+三色鸡丁便当

茄汁大虾 15分钟

原料： 大虾250克。

调料： 姜片10克，精盐、生抽、香油各少许，番茄酱2大匙，料酒、白糖、植物油各适量。

制作步骤

1　大虾洗净，剪去虾须，从大虾脊背处片开，去掉虾线，加上少许精盐和料酒拌匀，放入油锅内煎炸至变色，捞出、沥油。

2　净锅置火上，加上少许植物油烧热，放入姜片炝锅出香味，捞出姜片，加上番茄酱炒香，倒入大虾。

3　加上料酒、白糖、生抽、精盐和少许热水烧沸，用中火烧焖至汤汁收干，淋上香油即成。

三色鸡丁 10分钟

原料·调料

鸡胸肉150克，莴笋、土豆、胡萝卜各50克。

葱花5克，精盐、鸡精、胡椒粉、料酒、淀粉、香油各少许，植物油1大匙。

制作步骤

1　鸡胸肉切成丁，加上少许精盐、料酒、淀粉和植物油拌匀、上浆；莴笋、土豆、胡萝卜分别去皮，均切成丁，全部放入沸水锅内焯烫一下，捞出、过凉、沥水。

2　锅内加上植物油烧热，放入葱花炝锅，加上鸡肉丁炒至变色，加上莴笋丁、土豆丁和胡萝卜丁炒匀，加上精盐、鸡精和胡椒粉调好口味，淋上香油即成。

便当组合
主菜：茄汁大虾
配菜：三色鸡丁
肉末四季豆(P26)
其他：米饭 水果

TIPS

　　茄汁大虾是采用干烧技法烧制。干烧是指用小火烧制，使汤汁浸入主料内或黏附于主料上的烹制方法。成品只见亮油而不见汤汁，浓香入味。

74

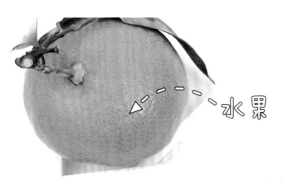

----→水果

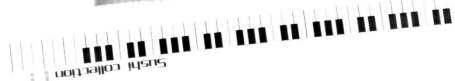

Sushi collection

茄汁大虾----

三色鸡丁

肉末四季豆

----米饭

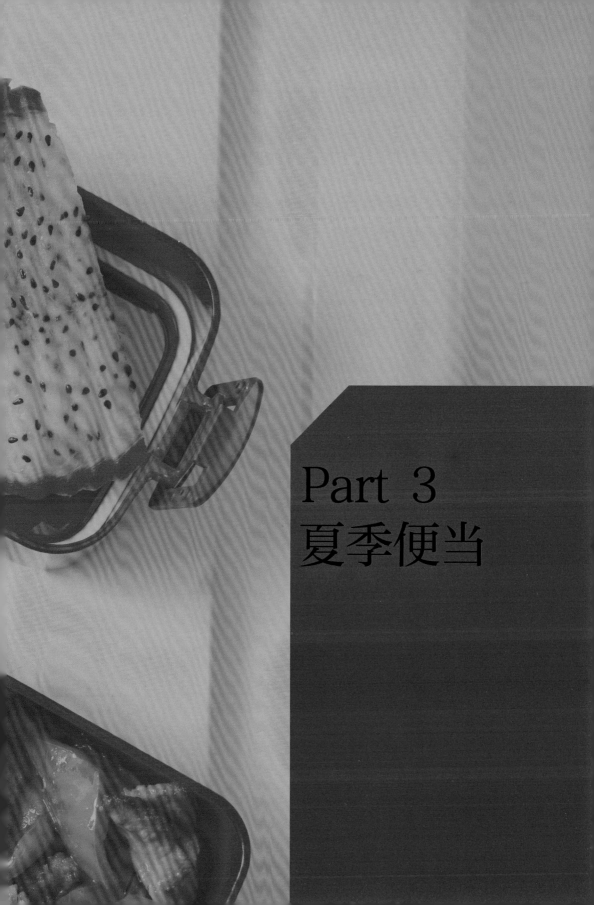

Part 3
夏季便当

香酥鸡排+蒜汁牛肉便当

果汁

米饭

姜汁西蓝花

蒜汁牛肉

香酥鸡排

香酥鸡排 [20分钟]

原料: 鸡胸肉1块, 面包糠125克, 鸡蛋1个。

调料: 精盐1小匙, 料酒、淀粉各1大匙, 胡椒粉少许, 植物油适量。

制作步骤

1 鸡胸肉去掉筋膜, 横切成2片, 用刀背轻轻拍散成鸡排, 码放在盘内, 加上精盐、料酒、胡椒粉拌匀, 腌渍10分钟; 鸡蛋磕入碗里搅打成鸡蛋液。

2 把鸡排先裹上一层淀粉, 再裹匀一层鸡蛋液, 最后裹上一层面包糠并轻轻压实成鸡排生坯。

3 锅置火上, 加上植物油烧至四成热, 放入生坯炸至呈金黄色, 捞出, 剁成条块, 装盒即成。

蒜汁牛肉 [90分钟]

原料 · 调料

牛肋条肉300克。

葱段、姜片各10克, 蒜瓣15克, 精盐、料酒、白糖、酱油、米醋、蚝油、香油、辣椒油各适量。

制作步骤

1 牛肋条肉用清水漂洗干净, 剁成大块, 放入高压锅内, 加入清水淹没牛肉, 放入葱段、姜片和料酒, 盖上锅盖压20分钟至牛肋条肉熟嫩, 捞出牛肋肉, 凉凉。

2 蒜瓣去皮, 洗净, 剁成蒜蓉, 加上精盐、白糖、酱油、米醋、蚝油、香油和辣椒油拌匀成蒜汁。

3 把煮好的牛肋条肉切成大片, 码放在便当盒内, 淋上调制好的蒜汁即成。

TIPS

在制作香酥鸡排时如果想更健康一些, 可以把油炸改成烘烤。在烤盘上铺锡纸, 刷上植物油, 放入鸡排生坯, 烤15分钟左右即可(中间需要翻一次面)。

便当组合

主菜: 香酥鸡排
配菜: 蒜汁牛肉
姜汁西蓝花(P22)
其他: 米饭 果汁

豆豉肉末秋葵+葱烧红蘑便当

豆豉肉末秋葵 15分钟

原料: 秋葵200克, 五花肉50克。

调料: 蒜末10克, 豆豉15克, 香菇酱2小匙, 生抽、白糖各少许, 香油1小匙。

制作步骤

1 秋葵洗净, 放入沸水锅内焯烫一下, 捞出、过凉, 沥水, 切成小段; 豆豉剁成碎粒; 五花肉切成碎末。

2 净锅置火上烧热, 加入五花肉碎煸炒至出油、变色, 加上豆豉、蒜末和香菇酱爆炒出香味。

3 倒入秋葵段稍加翻炒, 加入生抽、白糖翻炒均匀, 淋上香油, 出锅即成。

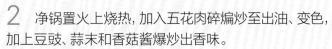

葱烧红蘑 20分钟

原料 · 调料

红蘑75克, 洋葱、红椒各25克。

大葱20克, 精盐1小匙, 花椒粉、鸡精各少许, 酱油2小匙, 植物油1大匙。

制作步骤

1 红蘑用温水浸泡至涨发, 换清水漂洗干净, 放在大碗内, 加入少许清水, 上屉蒸10分钟, 取出; 洋葱、红椒分别洗净, 切成小块; 大葱洗净, 切成小段。

2 净锅置火上, 加入植物油烧热, 放入大葱段、洋葱块、红椒块炒出香味, 加入攥干的红蘑稍炒。

3 滗入蒸红蘑的原汁, 加上精盐、花椒粉、鸡精和酱油调好口味, 用旺火翻炒均匀, 出锅装盒即成。

TIPS

豆豉肉末秋葵是一款搭配合理, 操作简单的菜式, 五花肉末的油香、秋葵的爽滑、豆豉的鲜浓, 融合成了这款很香、很下饭的便当菜。

便当组合

主菜: 豆豉肉末秋葵

配菜: 葱烧红蘑 什锦捞汁(P111)

其他: 米饭

什锦捞汁

蒽烧红蘑

米饭

豆豉肉末秋葵

81

拌豆腐丝

什锦菜

爽口菠菜

水果

米饭

酱汁鸡肉丸

酱汁鸡肉丸+爽口菠菜便当

酱汁鸡肉丸 [25分钟]

原料: 鸡胸肉200克,香菇25克,鸡蛋清1个。

调料: 精盐、胡椒粉、料酒、烤肉酱、酱油、鸡精、白糖、胡椒粉、水淀粉、植物油各适量。

制作步骤

1 鸡胸肉去掉筋膜,剁成蓉;香菇去蒂,洗净,切成碎粒;鸡肉蓉、香菇粒放在容器内,加上鸡蛋清、精盐、胡椒粉和水淀粉拌匀、上劲,团成鸡肉丸。

2 精盐、料酒、烤肉酱、酱油、鸡精、白糖、胡椒粉、水淀粉和清水放在碗里,拌匀成酱汁。

3 锅内加上植物油烧热,放入鸡肉丸煎至上色,倒入调制好的酱汁,用中火烧至酱汁包裹上鸡肉丸即成。

爽口菠菜 [10分钟]

原料·调料	
菠菜	200克
花椒	2克
姜片	5克
精盐	1小匙
米醋	少许
香油	2小匙
植物油	1大匙

制作步骤

1 菠菜去根和老叶,放入沸水锅内,加上少许植物油和少许精盐焯烫一下,捞出、过凉,沥水,切成小段。

2 净锅置火上,加上植物油烧至八成热,加入花椒、姜片炒出香味,捞出花椒和姜片不用,把热油淋在菠菜段上,再加上精盐、米醋和香油调拌均匀即成。

TIPS

制作酱汁鸡肉丸时,为了保证鸡肉丸滑嫩的口感,我们首先要加入鸡蛋清拌匀,再放入调料和水淀粉充分搅拌均匀,成品鸡肉丸就能清香爽滑。

便当组合
主菜: 酱汁鸡肉丸
配菜: 爽口菠菜
拌豆腐丝(P25) 什锦菜(P22)
其他: 米饭 水果

腊味苦瓜+牛肉瓜片便当

腊味苦瓜 `15分钟`

原料: 苦瓜175克, 腊肠75克。

调料: 蒜瓣10克, 姜块5克, 精盐1/2小匙, 白糖、米醋、蚝油各少许, 植物油1大匙。

制作步骤

1 腊肠切成片; 苦瓜去根, 顺长切开, 去掉苦瓜籽, 切成小条; 蒜瓣去皮, 剁成碎末; 姜块切成丝。

2 净锅置火上, 加上植物油烧至五成热, 下入蒜末、姜丝炝锅出香味, 放入腊肠片炒至变色。

3 倒入苦瓜条, 用旺火翻炒片刻, 加上白糖、米醋、精盐、蚝油调好口味, 出锅装盒即成。

牛肉瓜片 `10分钟`

原料 · 调料

黄瓜150克, 卤牛肉1小块。

蒜瓣5克, 花椒、麻椒各2克, 精盐、白糖、味精、米醋、植物油各少许。

制作步骤

1 黄瓜洗净, 去根, 削去外皮, 切成菱形片; 卤牛肉切成大片; 蒜瓣去皮, 洗净, 剁成碎末。

2 黄瓜片、卤牛肉片放在容器内, 加上精盐、白糖、味精和米醋调拌均匀, 码放在便当盒内, 撒上蒜末。

3 锅内加上植物油烧热, 加入花椒、麻椒炸至糊, 捞出花椒、麻椒不用, 把热油淋在蒜末上即成。

便当组合

主菜: 腊味苦瓜

配菜: 牛肉瓜片 酸辣海带条(P27)

其他: 米饭 水果

TIPS

很多朋友喜欢在炒苦瓜菜肴时, 先把苦瓜焯水, 以去其苦味。其实个人认为苦瓜最好不要焯水, 苦瓜的苦, 其后有甘, 多吃几次就能领略。

牛肉瓜片

酸辣海带条

水果

醋味苦瓜

米饭

柠香鳕鱼块+清炒玉米粒便当

柠香鳕鱼块

米饭

清炒玉米粒

柠香鳕鱼块 [25分钟]

原料： 鳕鱼250克，柠檬25克，鸡蛋1个。

调料： 葱段、蒜片各5克，八角1个，精盐1小匙，酱油、料酒、米醋各1大匙，白糖2小匙，淀粉、植物油各适量。

制作步骤

1 鳕鱼洗净，擦净水分，剁成大块，放在容器内，加上精盐、料酒拌匀，腌渍10分钟；柠檬洗净，切成片。

2 净锅置火上，加上植物油烧热，把鳕鱼块加上鸡蛋和淀粉挂匀糊，放入油锅内炸至呈金黄色，捞出、沥油。

3 锅中留底油烧热，加入葱段、蒜片、八角再炝锅，加上酱油、米醋、白糖、料酒、清水和鳕鱼块，中火烧至鱼熟，加上精盐和柠檬片烧至浓稠，出锅装盒即成。

清炒玉米粒 [10分钟]

原料 · 调料

嫩玉米200克，黄瓜、胡萝卜各25克。

大葱5克，精盐1小匙，料酒、鸡精、香油各少许，植物油1大匙。

制作步骤

1 嫩玉米洗净，放入清水锅内煮至熟，捞出、过凉，剥取玉米粒；黄瓜洗净，切成小丁；胡萝卜去根、去皮，洗净，也切成丁；大葱洗净，切成葱花。

2 净锅置火上，加上植物油烧至五成热，下入葱花炝锅出香味，放入玉米粒、胡萝卜丁和黄瓜丁稍炒。

3 烹入料酒，加上精盐和鸡精，用旺火快速翻炒均匀，淋上香油，出锅装盒即成。

TIPS

鳕鱼刺少肉多，肉味甘美，而且营养价值非常高。鳕鱼含丰富的蛋白质、维生素A、维生素D、钙、镁、硒等营养素，对心血管系统有很好的保护作用。

便当组合
主菜：柠香鳕鱼块
配菜：清炒玉米粒
其他：米饭

煎菠萝鸡块+蟹粉豆腐便当

煎菠萝鸡块 20分钟

原料： 鸡腿肉(带皮)250克，菠萝75克。

调料： 料酒1大匙，生抽、海鲜酱油各2小匙，精盐、白糖各
少许，植物油、淀粉各4小匙，熟芝麻少许。

制作步骤

1　带皮鸡腿肉洗净，在内侧剞上花刀，加上精盐、料
酒、生抽、淀粉拌匀；菠萝用淡盐水浸泡，切成小块。

2　平锅置火上烧热，刷上植物油烧热，摆上鸡腿肉，用
中火煎至一面上色，翻面继续煎至两面色泽黄亮。

3　放入菠萝块稍煎，用锅铲把鸡腿切成小块，淋上料
酒、生抽、海鲜酱油，撒上白糖和熟芝麻翻炒均匀即成。

蟹粉豆腐 15分钟

原料·调料

豆腐300克，蟹粉
50克。

香葱10克，姜块15
克，精盐1小匙，料酒
1大匙，鸡汤2大匙，
水淀粉、胡椒粉、植
物油各适量。

制作步骤

1　豆腐切成大块，放入沸水锅内焯烫一下，捞出、沥水；
香葱洗净，切成小段；姜块去皮，切成碎末。

2　净锅置火上，加上植物油烧至六成热，下入姜末炝
锅，倒入料酒，加入蟹粉炒匀出香味。

3　加上精盐、鸡汤烧沸，推入豆腐块，再沸后用水淀粉
勾芡，撒上胡椒粉和香葱段，出锅装盒即成。

TIPS

　　蟹粉邂逅豆腐，是一场鲜美与鲜嫩
的融合。软嫩的豆腐裹上嫩黄的蟹粉，
入口即化，鲜美在舌尖经久不去，让人回
味无穷。

便当组合

主菜：煎菠萝鸡块
配菜：蟹粉豆腐
苦苣苹果沙拉(P118)
其他：米饭 水果

水果

米饭

苦苣苹果沙拉

蟹粉豆腐

煎菠萝鸡块

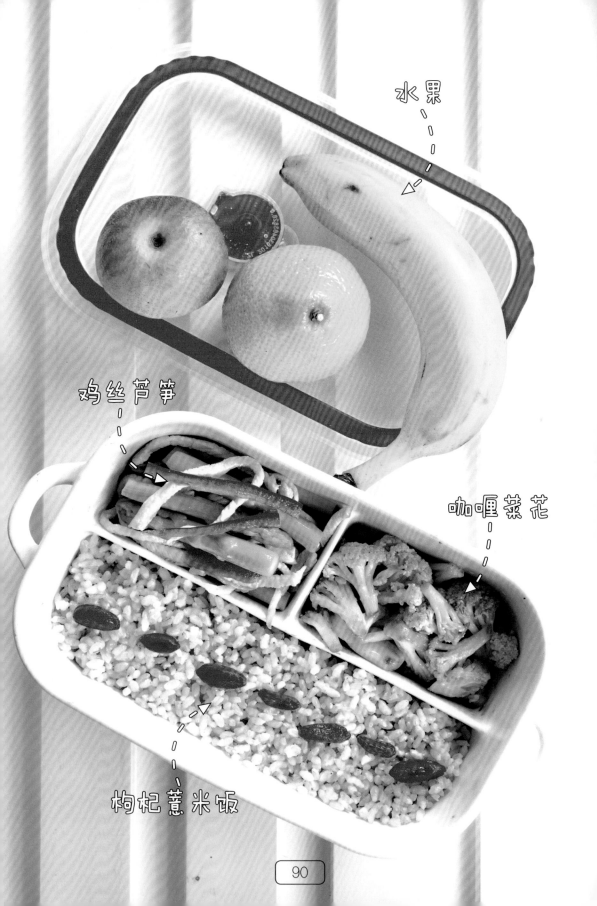

水果

鸡丝芦笋

咖喱菜花

枸杞薏米饭

鸡丝芦笋+咖喱菜花便当

鸡丝芦笋 `10分钟`

原料: 鸡胸肉、芦笋各125克,红椒丝25克,鸡蛋清1个。

调料: 葱丝、姜丝各5克,精盐1小匙,蒸鱼豉油2小匙,淀粉、水淀粉各少许,植物油1大匙。

制作步骤

1 鸡胸肉切成细丝,加上精盐、淀粉和鸡蛋清拌匀;芦笋去根,切成小段,放入沸水锅内焯烫一下,捞出。

2 净锅置火上,加上植物油烧至五成热,加入葱丝、姜丝炝锅出香味,加上鸡肉丝煸炒至变色。

3 放入芦笋条、红椒丝翻炒均匀,加上精盐、蒸鱼豉油调好口味,用水淀粉勾芡,出锅装盒即成。

咖喱菜花 `15分钟`

原料·调料

菜花	250克
蒜片	10克
精盐	1小匙
咖喱块	25克
白糖	少许
植物油	2大匙

制作步骤

1 菜花掰取花瓣,把菜花嫩茎切成小片,洗净,全部放入沸水锅内焯烫一下,捞出,用冷水过凉,沥水。

2 净锅置火上,加上植物油烧至五成热,下入蒜片炝锅出香味,加入咖喱块,用小火煮至溶化。

3 加上少许热水、菜花,放入精盐、白糖翻炒均匀,用中火收浓汤汁,出锅装盒即成。

TIPS

鸡肉搭配芦笋一起炒制成菜,具有色泽美观、营养丰富、清香适口等特点,制作上需要注意,食材本身具有清香味道,所以调味料不宜过多。

便当组合

主菜: 鸡丝芦笋
配菜: 咖喱菜花
其他: 枸杞薏米饭 水果

紫薯蛋卷+芝士鱼排便当

紫薯蛋卷 `60分钟`

原料: 紫薯1个, 鸡蛋2个。

调料: 精盐少许, 白糖1大匙, 面粉2大匙, 牛奶、橄榄油各适量。

制作步骤

1 紫薯蒸至熟, 取出、凉凉, 剥去外皮, 放在容器内压成蓉, 加上白糖和牛奶调拌均匀成紫薯蓉; 鸡蛋加上精盐、面粉和牛奶搅匀成鸡蛋液。

2 平锅置火上烧热, 刷上橄榄油, 倒入鸡蛋液, 转动锅让蛋液均匀摊平, 待蛋液凝固时翻面, 把紫薯蓉均匀地涂抹在蛋面上成蛋饼, 用扁铲轻轻掀起蛋饼的一边卷起成紫薯蛋卷, 出锅, 切成块即可。

芝士鱼排 `25分钟`

原料·调料

冷冻鳕鱼1块, 黑芝麻15克, 鸡蛋半个。

芝士碎15克, 精盐、黑胡椒、料酒各少许, 植物油2小匙。

制作步骤

1 冷冻鳕鱼解冻, 切成大块, 加上精盐、黑胡椒、料酒、鸡蛋拌匀, 腌渍10分钟, 放入油锅内稍煎, 取出。

2 烤箱预热至200℃, 烤盘垫上一张锡纸, 摆上煎好的鱼排, 放入烤箱内烤5分钟, 取出。

3 把鱼排翻面, 撒上芝士碎和黑芝麻, 再放入烤箱内烤10分钟至熟香, 取出装盒即成。

便当组合
主菜: 紫薯蛋卷
配菜: 芝士鱼排
其他: 水果捞

TIPS

芝士鱼排操作简单, 经过腌渍的鱼块, 加上一些芝士后烤制, 特别诱人, 趁热食用, 又香又嫩, 配上自己喜欢的紫薯蛋卷, 简单又奢侈!

水果捞

芝士鱼排

紫薯蛋卷

紫苏八爪+香煎团圆鱼便当

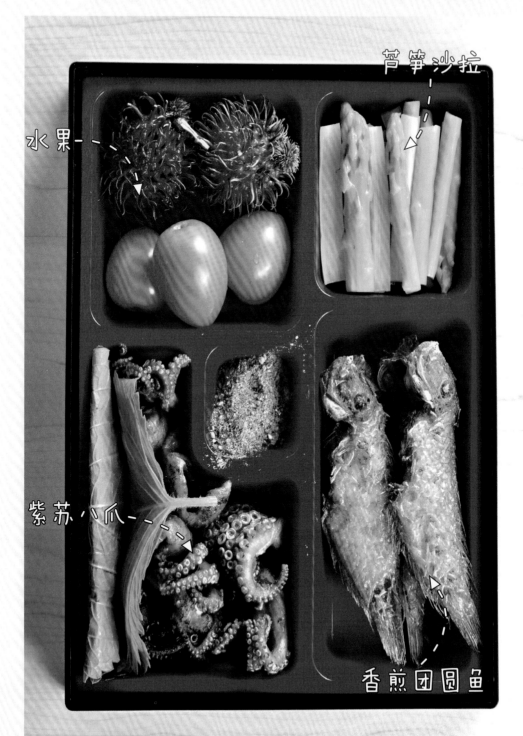

芦笋沙拉

水果

紫苏八爪

香煎团圆鱼

紫苏八爪 [45分钟]

原料: 小八爪鱼200克, 紫苏叶适量。

调料: 姜末、蒜蓉各5克, 韩式辣椒酱1大匙, 韩式辣椒粉、酱油、米酒、白糖、香油、植物油各适量。

制作步骤

1 小八爪鱼分开身子和爪, 剥去外皮, 去掉眼睛, 抠清内脏, 用清水漂洗干净, 再放入小淡盐水中浸泡几分钟, 捞出、沥水。

2 姜末、蒜蓉、韩式辣椒酱、韩式辣椒粉、酱油、米酒、白糖和香油放在容器内, 加入小八爪鱼拌匀、腌渍。

3 烤盘上刷上植物油, 摊开小八爪鱼(尽量不要重叠), 放入烤箱内烤约6分钟, 取出, 配紫苏叶卷食。

香煎团圆鱼 [30分钟]

原料·调料

团圆鱼250克。

精盐1小匙, 料酒、生抽各1大匙, 胡椒粉少许, 淀粉、植物油、椒盐各适量。

制作步骤

1 团圆鱼刮净鱼鳞, 去掉鱼鳃和内脏, 用清水洗净, 放入盘中, 涂抹上精盐、料酒、生抽、胡椒粉, 腌渍10分钟, 用厨房吸油纸吸取多余的水分, 拍上一层淀粉。

2 平锅置火上, 加上植物油烧至四成热, 放入腌渍好的团圆鱼, 用中小火慢煎至一面上色。

3 把团圆鱼翻面, 继续煎另一面, 直到两面都呈黄色且鱼肉熟透, 取出, 撒上椒盐, 摆盒即成。

TIPS

经过腌渍入味的小八爪鱼, 成品爽脆养眼、辣辣甜甜、温和入味。食用时用紫苏叶或生菜叶包上, 或者蘸上少许孜然料, 不仅缓和了辣味, 更增添了香甜的味道。

便当组合
主菜: 紫苏八爪
配菜: 香煎团圆鱼
其他: 芦笋沙拉(P111) 水果

虾仁炒蛋+脆皮豆腐便当

虾仁炒蛋 [15分钟]

原料: 鸡蛋200克, 虾仁100克。
调料: 葱花5克, 精盐1小匙, 淀粉1大匙, 植物油2大匙。

制作步骤

1　虾仁洗净, 从脊背处片开(不要片断), 去掉虾线, 加上少许精盐、清水和淀粉拌匀。

2　把鸡蛋磕在大碗内, 加上少许精盐、淀粉、葱花和植物油, 搅拌均匀成鸡蛋液。

3　净锅置火上, 加上植物油烧热, 放入虾仁炒至变色(约七成熟), 倒入鸡蛋液, 快速用筷子拨散, 关火, 用锅的余温让蛋液慢慢凝固, 出锅装盒即成。

脆皮豆腐 [20分钟]

原料 · 调料

豆腐	250克
鸡蛋	1个
精盐	1小匙
淀粉	1大匙
泡打粉	少许
植物油	适量

制作步骤

1　豆腐切成大小一致的块状; 鸡蛋磕在碗里, 加上精盐拌匀成鸡蛋液; 淀粉加上泡打粉搅拌均匀成粉料。

2　豆腐块先放在粉料中裹上一层, 轻轻抖散, 再放入鸡蛋液里粘匀一层鸡蛋液。

3　净锅置火上, 加上植物油烧至五成热, 摆上豆腐块, 用中火煎至两面色泽金黄, 取出装盒即成。

TIPS

虾仁炒蛋是家庭中出镜率很高的菜式, 其关键之一是虾仁不要炒老, 如果没有把握, 可以把炒近熟的虾仁放入鸡蛋液内拌匀后再进行炒制。

便当组合
主菜: 虾仁炒蛋
配菜: 脆皮豆腐
其他: 饭团 (P28)

饭团------▷

虾仁炒蛋------▷

脆皮豆腐

醋烧素丸

白灼娃娃菜

豆干红蘑

炒通心粉

醋烧素丸 + 豆干红蘑便当

醋烧素丸 `30分钟`

原料： 萝卜300克，鸡蛋1个。

调料： 葱花5克，精盐、白糖、味精、水淀粉、酱油、米醋、
面粉、香油、植物油各适量。

制作步骤

1 萝卜洗净切成细丝，放在容器内，磕入鸡蛋，加上精
盐和面粉拌匀成馅料。

2 净锅置火上，加上植物油烧热，把馅料团成素丸子
生坯，放入油锅内炸至熟脆，捞出、沥油。

3 锅内留少许底油烧热，加入葱花、酱油、米醋和清水
烧沸，倒入素丸子烧3分钟，加上白糖、味精调匀，用水淀
粉勾芡，淋上香油，出锅装盒即成。

豆干红蘑 `20分钟`

原料 · 调料

豆腐干150克，红蘑
25克。

大葱5克，八角1个，
酱油、蚝油、白糖各1
小匙，清汤3大匙，水
淀粉、香油各少许，
植物油2大匙。

制作步骤

1 豆腐干切成大小均匀的三角块；红蘑用温水浸泡至
涨发，再换清水漂洗干净；大葱洗净，切成葱花。

2 净锅置火上，加上植物油烧至五成热，放入八角、葱
花煸炒出香味，下入红蘑翻炒片刻。

3 倒入清汤，加入酱油、蚝油、白糖和豆腐干，用中火烧
5分钟至入味，用水淀粉勾芡，淋上香油即可。

TIPS

醋烧素丸是一款夏季菜式。烧制此
菜时放入米醋会挥发掉一部分，因此口
味不会很酸，味道非常特别。

便当组合

主菜： 醋烧素丸

配菜： 豆干红蘑

白灼娃娃菜(P158)

其他： 炒通心粉(P34)

茄汁鱼丁+瘦身娃娃菜便当

茄汁鱼丁 20分钟

原料: 净鱼肉250克, 鸡蛋清1个。

调料: 姜末5克, 精盐少许, 料酒、淀粉各1大匙, 番茄酱3大匙, 白醋、白糖各2大匙, 水淀粉、植物油各适量。

制作步骤

1　净鱼肉切成丁, 加上精盐、料酒、鸡蛋清和淀粉拌匀; 番茄酱、白醋、白糖、精盐和清水调匀成茄汁。

2　净锅置火上, 加上植物油烧至六成热, 放入鱼肉丁炸至色泽金黄, 捞出、沥油。

3　锅内留少许底油烧热, 加入姜末, 倒入调好的茄汁炒匀, 用水淀粉勾芡, 倒入鱼肉丁翻炒几下即成。

瘦身娃娃菜 10分钟

原料 · 调料

娃娃菜	200克
胡萝卜	25克
蒜瓣	10克
精盐	1小匙
米醋	2小匙
植物油	1大匙

制作步骤

1　娃娃菜洗净, 去掉菜根, 用刀顺长切成四瓣; 蒜瓣去皮, 洗净, 切成片; 胡萝卜去根、去皮, 切成片。

2　净锅置火上, 加上植物油烧至六成热, 用蒜片炝锅, 加上娃娃菜煸炒至软, 放入胡萝卜片炒匀, 加上精盐、米醋调好口味, 出锅装盒即成。

便当组合

主菜: 茄汁鱼丁
配菜: 瘦身娃娃菜
其他: 翡翠饼(P35)
　　　蒸玉米南瓜

TIPS

茄汁鱼丁一般使用海鱼肉, 其肉质细嫩、营养丰富, 属于出肉率高、味道鲜美的优质海洋鱼类, 家庭也可以用其它鱼肉, 如草鱼肉、鳜鱼肉、鲈鱼肉替换。

翡翠饼

蒸玉米南瓜

茄汁鱼丁

瘦身娃娃菜

饮料- - - - ▷

- - - - - 脆皮炸鸡

家常沙拉- - - - ▷

脆皮炸鸡+家常沙拉便当

脆皮炸鸡 30分钟

原料： 鸡小腿400克，芝麻75克。

调料： 精盐、鸡精、小苏打各少许，奥尔良腌料、料酒、面粉、淀粉、蚝油、韩式辣酱、植物油各适量。

制作步骤

1 鸡小腿洗净，放在容器内，加上精盐、料酒、鸡精、奥尔良腌料、蚝油拌匀，腌渍20分钟。

2 面粉、淀粉、小苏打和芝麻拌匀成粉料，放上腌渍好的鸡小腿滚匀，轻轻抖散。

3 净锅置火上，加上植物油烧热，下入鸡小腿炸至色泽金黄、酥脆，捞出、沥油，与韩式辣酱一起装盒。

家常沙拉 10分钟

原料·调料

紫甘蓝、樱桃番茄、生菜、胡萝卜、黄瓜各适量。

蛋黄酱1大匙，橄榄油2小匙。

制作步骤

1 紫甘蓝去根，洗净，切成细丝；樱桃番茄去蒂，洗净，切成两半；生菜择洗干净，切成小条；胡萝卜去根、去皮，切成细丝；黄瓜洗净，切成小片。

2 把加工好的紫甘蓝丝、樱桃番茄、生菜丝、胡萝卜丝和黄瓜片码放在容器内，淋上蛋黄酱和橄榄油，食用时拌匀即成。

TIPS

韩式炸鸡好多人都吃过，今天改良版的脆皮炸鸡色泽金黄，外酥里嫩，鲜美适口，吃起来也更加的过瘾，大人和儿童都会非常喜欢。

便当组合
主菜：脆皮炸鸡
配菜：家常沙拉
其他：饮料

豉汁杏鲍菇+椒萝牛肉片便当

豉汁杏鲍菇 〔15分钟〕

原料： 杏鲍菇300克。

调料： 酱油2小匙，料酒、蒸鱼豉油、甜面酱各1大匙，鸡汤4大匙，白糖、植物油各适量。

制作步骤

1 把杏鲍菇放入淡盐水中浸泡片刻并洗净，捞出、沥水，切成厚片，加上酱油和料酒拌匀。

2 净锅置火上，加上植物油烧至六成热，下入杏鲍菇片煎炸至上色，捞出、沥油。

3 锅内留少许底油烧热，下入蒸鱼豉油、甜面酱、鸡汤、白糖和酱油烧沸，倒入杏鲍菇片烧至入味即成。

椒萝牛肉片 〔90分钟〕

原料·调料

牛腱肉250克，青椒、胡萝卜各50克。

蒜末5克，姜块15克，酱油、米醋、料酒、花椒粉、白糖、辣椒油各适量。

制作步骤

1 把牛腱肉放入清水锅内，加上姜块、料酒烧沸，用中火煮约30分钟至熟透，捞出、凉凉，切成大片。

2 青椒去蒂、去籽，洗净，切成小块；胡萝卜去皮，洗净，切成片；把青椒块、胡萝卜片放入热锅内煸炒片刻，取出，与熟牛肉片拌匀，码放在容器内。

3 另取一小碗，加上蒜末、酱油、米醋、花椒粉、白糖、辣椒油拌匀成味汁，淋在牛肉片上拌匀即成。

TIPS

杏鲍菇口感比较软嫩，没有特别重的菌类香气，所以比较适合加入重口味的酱汁进行烹饪，杏鲍菇会吸收酱料的香气和味道。

便当组合
主菜： 豉汁杏鲍菇
配菜： 椒萝牛肉片
其他： 玉米蔬菜饭(P31)、水果

水果

豉汁杏鲍菇

玉米蔬菜饭

椒萝牛肉片

香辣土豆片

水果

家常素丸子

素炒西葫芦

酱油炒饭

106

素炒西葫芦+家常素丸子便当

素炒西葫芦 〔10分钟〕

原料: 嫩西葫芦1个, 胡萝卜40克。

调料: 蒜末10克, 精盐1小匙, 米醋少许, 花椒油2小匙,
　　　　植物油1大匙。

制作步骤

1　嫩西葫芦洗净, 切成厚片; 胡萝卜去根、去皮, 洗净,
切成片, 放入沸水锅内焯烫一下, 捞出、沥水。

2　净锅置火上, 加上植物油烧至六成热, 下入蒜末炝
锅出香味, 加入西葫芦片。

3　用旺火快速翻炒1分钟, 加上胡萝卜片、精盐、米醋
炒匀, 淋上花椒油, 出锅装盒即成。

家常素丸子 〔20分钟〕

原料 · 调料

白萝卜150克, 胡萝卜
100克, 香菜50克。

姜末5克, 精盐2小匙,
五香粉1小匙, 面粉3
大匙, 植物油适量。

制作步骤

1　白萝卜、胡萝卜分别洗净, 削去外皮, 用擦丝器擦成细
丝, 再用刀剁几下; 香菜洗净, 切成碎末。

2　把白萝卜、胡萝卜、香菜碎放在容器内, 加上姜末、五
香粉、精盐拌匀, 再放入面粉搅拌均匀成馅料, 团成直径3
厘米大小的圆形成素丸子生坯。

3　净锅置火上, 加上植物油烧至五成热, 下入素丸子生
坯炸至色泽金黄、熟脆, 捞出、沥油即成。

TIPS

　　素炒西葫芦用料和做法都非常
简单, 唯一注意的就是火候, 需要用旺
火翻炒, 时间不能长, 炒至刚刚断生即
可, 这样口感和味道都是最好的。

便当组合

主菜: 素炒西葫芦

配菜: 家常素丸子

香辣土豆片(P160)

其他: 酱油炒饭(P30) 水果

酥炸虾仁+牛肉藕片便当

酥炸虾仁 15分钟

原料: 虾仁200克,鸡蛋清1个。

调料: 精盐1小匙,味精、料酒各少许,淀粉、面粉各2大匙,植物油适量。

制作步骤

1 虾仁剔去虾线,加上精盐、味精和料酒搅匀;鸡蛋清放在碗里,加上淀粉、面粉、精盐和清水拌匀成糊。

2 净锅置火上,加上植物油烧至五成热,把虾仁放入糊内搅拌均匀,逐个放入油锅内。

3 用中火炸至虾仁色泽金黄,捞出虾仁,放在吸油纸上吸去多余油脂,装盒即成。

牛肉藕片 20分钟

原料 · 调料

莲藕150克,牛里脊肉100克。

干红辣椒10克,精盐、酱油、白糖、米醋、淀粉、香油、植物油各适量。

制作步骤

1 牛里脊肉切成大片,加上少许精盐和淀粉拌匀;莲藕去眼,削去外皮,切成薄片;干红辣椒切成小段。

2 锅置火上,加上植物油烧至六成热,放入牛肉片炒至变色断生,加上红辣椒段炒匀。

3 放入莲藕片,用旺火翻炒1分钟,加上酱油、精盐、白糖和米醋调好口味,淋上香油即成。

便当组合
主菜: 酥炸虾仁
配菜: 牛肉藕片
拌豆腐丝(P25)
其他: 花卷(P32)

TIPS

酥炸虾仁是一道传统风味名菜,鲜嫩的虾仁,酥脆的外皮,绝对是人见人爱的家常菜,称得上是色香味俱全,尤其受到小朋友的喜欢。

花卷

拌豆腐丝

牛肉藕片

酥炸虾仁

什锦捞汁+芦笋沙拉便当

什锦捞汁

干果

芦笋沙拉

炒通心粉

什锦捞汁 20分钟

原料： 菠菜、黄瓜、心里美萝卜、莴笋、黄豆芽、水发木耳各适量。

调料： 蒜蓉、剁椒碎、精盐、生抽、果醋、米醋、海鲜酱油、白糖、矿泉水各少许。

制作步骤

1 菠菜洗净,切成段;黄瓜洗净,切成丝;心里美萝卜、莴笋分别去皮,擦成细丝;黄豆芽洗净;水发木耳去蒂,洗净,切成丝(或撕成小块)。

2 锅置火上,加上清水和少许精盐烧沸,分别放入菠菜段、莴笋丝、黄豆芽焯烫一下,捞出、过凉,沥水。

3 蒜蓉、剁椒碎、精盐、生抽、果醋、米醋、海鲜酱油、白糖、矿泉水拌匀成捞汁,与蔬菜拌匀即成。

芦笋沙拉 10分钟

原料·调料

芦笋200克。

绿芥末2克,白醋、豉油、苹果醋、白糖、香油各少许。

制作步骤

1 把绿芥末放在小碗内,加上白醋、豉油、苹果醋、白糖和香油拌匀成味汁。

2 芦笋用淡盐水浸泡片刻并洗净,捞出、沥水,去掉根,刮去外皮,切成小段。

3 净锅置火上,加上清水、少许白糖烧至沸,放入芦笋段焯至芦笋鲜绿,捞出芦笋段,放入冰水中过凉,沥净水分,码放在盘内,淋上调好的味汁即成。

TIPS

什锦捞汁是家庭餐桌上经常出现的凉菜,因其味道可口、菜品营养丰富而备受喜欢。炎炎夏季,一道什锦捞汁,配上芦笋沙拉和炒通心粉就是我的最爱。

便当组合

主菜: 什锦捞汁
配菜: 芦笋沙拉
其他: 炒通心粉(PP34)
干果

酿苦瓜+爆炒黄豆芽便当

酿苦瓜 [20分钟]

原料: 苦瓜200克, 五花猪肉125克。

调料: 葱花5克, 精盐1小匙, 甜面酱、淀粉、料酒、酱油各适量, 味精、水淀粉各少许。

制作步骤

1 苦瓜洗净, 去根, 切成3厘米厚度的小段, 去除苦瓜瓤; 五花猪肉剁成蓉, 加上葱花、精盐、甜面酱、淀粉拌匀成馅料, 酿入苦瓜段内。

2 苦瓜段表面抹上少许淀粉, 放入容器内, 加上料酒和酱油, 放入蒸锅内蒸8分钟, 取出。

3 把蒸苦瓜的原汁滗入锅内, 加上味精烧沸, 用水淀粉勾芡, 淋在酿苦瓜段上即成。

爆炒黄豆芽 [10分钟]

原料·调料

黄豆芽300克。

大葱、姜块各3克, 干红辣椒5个, 花椒2克, 精盐、鸡精、香油各1小匙, 生抽2小匙, 植物油1大匙。

制作步骤

1 黄豆芽去掉根, 放入清水中洗净, 捞出、沥水; 干红辣椒去蒂, 切成碎粒; 大葱、姜块分别切成末。

2 净锅置火上, 加上植物油烧至五成热, 加上花椒炸出香味, 放入葱末、姜末和辣椒碎炒匀。

3 放入黄豆芽, 用旺火爆炒至变软, 加上精盐、生抽和鸡精调好口味, 淋上香油即成。

TIPS

　　苦瓜搭配猪肉制作而成的酿苦瓜营养丰富, 可促进人体对铁的吸收, 有清热解暑, 明目祛毒作用, 还可以使脸色红润, 促进生长发育。

便当组合

主菜: 酿苦瓜

配菜: 爆炒黄豆芽 胡萝卜土豆丁(P23)

其他: 米饭 水果

水果

酿苦瓜

胡萝卜土豆丁

米饭

爆炒黄豆芽

Part 4
秋季便当

照烧鸡块+蛋炒西葫芦便当

水果

糯米藕

饭团

蛋炒西葫芦

照烧鸡块

照烧鸡块 90分钟

原料: 鸡腿2个。

调料: 姜块15克, 精盐1小匙, 料酒2大匙, 生抽、老抽、蜂蜜各1大匙, 植物油适量。

制作步骤

1 鸡腿剔去骨头, 用清水洗净, 擦净水分, 用刀背在鸡腿内侧剁几刀使肉质软嫩, 加上料酒、精盐和生抽拌匀, 腌渍1小时; 姜块去皮, 切成大片。

2 锅置火上, 加上植物油烧热, 放入姜片和鸡腿肉, 用小火煎至两面上色, 加入老抽、蜂蜜、料酒和精盐。

3 倒入适量清水烧沸, 用中火烧至鸡腿肉熟香入味, 改用旺火收汁, 取出, 剁成大块, 装盒即成。

蛋炒西葫芦 5分钟

原料 · 调料	
西葫芦	200克
鸡蛋	3个
精盐	1小匙
味精	少许
植物油	2大匙

制作步骤

1 西葫芦洗净, 切去菜根, 顺长刨开, 切成大片; 把鸡蛋磕在碗里, 加上少许精盐搅拌均匀成鸡蛋液。

2 净锅置火上, 加上植物油烧至八成热, 倒入调好的鸡蛋液炒至凝固, 取出。

3 锅内加上少许植物油烧热, 放入西葫芦片煸炒片刻, 倒入鸡蛋块, 加上精盐、味精调好口味即成。

TIPS

照烧是日式菜肴的一种烹饪方法, 一般是在食材外层涂抹上酱油、糖水、蒜汁、姜汁和味淋进行烹制, 后来为了方便, 就把这些调料制作成一种酱汁, 称为照烧汁。

便当组合

主菜: 照烧鸡块
配菜: 蛋炒西葫芦
糯米藕(P145)
其他: 饭团 水果

羊肉萝卜丸+苦苣苹果沙拉便当

羊肉萝卜丸 [30分钟]

原料: 羊腿肉200克, 白萝卜125克, 洋葱50克, 鸡蛋1个。

调料: 精盐1小匙, 花椒水2大匙, 料酒、酱油各1大匙, 白糖、鸡精各少许, 香油、植物油各适量。

制作步骤

1 羊腿肉去掉筋膜, 洗净血污, 剁成蓉; 白萝卜去皮, 洗净, 切成细粒; 洋葱去皮, 切成碎粒。

2 把羊肉蓉放在容器内, 磕入鸡蛋, 加上精盐、料酒和花椒水拌匀, 放入白萝卜粒、洋葱碎拌匀成馅料。

3 锅内加上植物油烧热, 把馅料团成丸子, 放入油锅内煎至上色, 烹入料酒, 加上酱油、白糖、精盐、鸡精和清水烧至肉丸熟香入味, 淋上香油即成。

苦苣苹果沙拉 [10分钟]

原料·调料

苦苣	100克
苹果	1个
紫背天葵	75克
西生菜	50克
沙拉酱	1大匙
橄榄油	适量

制作步骤

1 苦苣去根, 用淡盐水浸泡并洗净, 捞出、沥水, 切成段; 苹果去掉果核, 切成小条; 紫背天葵择洗干净, 切成小块; 西生菜去根, 洗净, 撕成小块。

2 把苦苣、苹果条、紫背天葵和西生菜放在容器内, 加上沙拉酱、橄榄油调拌均匀, 装盒即成。

TIPS

家庭在制作羊肉丸子菜肴时, 适当加上一些洋葱、白萝卜、花椒水等, 可以有效去除羊肉的腥膻味道, 成品也会软嫩鲜香。

便当组合
主菜: 羊肉萝卜丸
配菜: 苦苣苹果沙拉
爽口菠菜(P83)
其他: 米饭

爽口菠菜

苦苣苹果沙拉

米饭

羊肉萝卜丸

蒜薹炒肉+五香排骨便当

蒜薹炒肉 [15分钟]

原料: 蒜薹200克, 五花肉100克。

调料: 料酒、生抽、甜面酱各1大匙, 老抽、淀粉、鸡精、香油、植物油各少许。

制作步骤

1 蒜薹洗净, 去掉尖部, 切成4厘米长的小段; 五花肉切成丝, 加上料酒、生抽、淀粉拌匀, 稍腌。

2 净锅置火上, 加上植物油烧至五成热, 加入猪肉丝煸炒至变色, 加上蒜薹段翻炒均匀至蒜薹变色。

3 烹入料酒, 加上甜面酱、老抽和鸡精调好口味, 淋上香油, 出锅装盒即成。

五香排骨 [60分钟]

原料 · 调料

排骨400克, 熟芝麻15克。

姜片、蒜瓣各10克, 精盐、五香粉各1小匙, 料酒, 生抽各1大匙, 老抽、白糖各2小匙, 香油少许, 植物油2大匙。

制作步骤

1 排骨剁成大块, 漂洗干净, 沥水, 放在容器内, 加上精盐、生抽、老抽、白糖拌匀, 腌渍10分钟。

2 净锅置火上, 放入植物油烧至五成热, 加上姜片、蒜瓣炝锅出香味, 加入排骨块煸炒至变色。

3 烹入料酒, 加上五香粉、老抽、白糖和适量的清水烧沸, 改用中火烧焖至排骨块熟香入味, 改用旺火收浓汤汁, 淋上香油, 撒上熟芝麻即可。

便当组合
主菜: 蒜薹炒肉
配菜: 五香排骨
其他: 玉米 水果

TIPS

蒜薹炒肉是一道常见的家常风味菜肴, 其浓香适口, 制作简单。蒜薹含有丰富的纤维素, 有杀菌功效, 平时多吃点蒜薹, 对身体有很多益处。

玉米

水果

五香排骨

蒜薹炒肉

煎培根金针+蛋黄焗南瓜便当

煎培根金针 （10分钟）

原料： 金针菇150克，培根肉100克。
调料： 精盐、黑胡椒碎、橄榄油各少许。

制作步骤

1 将整条培根肉切成两半；金针菇切去根，放入沸水锅内焯烫一下，捞出、过凉、沥水，撒上精盐。

2 用培根片裹上适量的金针菇，卷起并用牙签固定成培根金针卷。

3 平锅内加上橄榄油烧热，放入培根金针卷，用中火煎至熟香，撒上黑胡椒碎，取出装盒即成。

蛋黄焗南瓜 （15分钟）

原料 · 调料	
南瓜	250克
咸蛋黄	2个
精盐	少许
料酒	2小匙
植物油	1大匙

制作步骤

1 把咸蛋黄放在碗里，加上料酒，上屉蒸5分钟，取出，压成蛋黄蓉；南瓜去皮、去瓤，洗净，切成2厘米大小的块，放入沸水锅内煮至熟，捞出、沥水。

2 净锅置火上，加上植物油烧至五成热，下入蛋黄蓉和精盐煸炒出香味，下入南瓜块炒匀、起泡，使其均匀地挂上蛋黄蓉即成。

TIPS

　　煎培根金针是一款家常风味美食，深受年轻人的喜爱。制作上除了用煎的技法外，还可以改用烤、蒸等方法，成品也非常清香适口。

便当组合
主菜：煎培根金针
配菜：蛋黄焗南瓜
其他：饭团(P28)

煎培根金针

蛋黄焗南瓜

饭团

水果

米饭

番茄鱼丸

竹笋焖茄条

竹笋焖茄条 + 番茄鱼丸便当

竹笋焖茄条 `20分钟`

原料: 茄子150克,竹笋100克。

调料: 姜末、蒜末各5克,精盐少许,甜面酱1大匙,豆瓣酱、料酒各2小匙,植物油适量。

制作步骤

1 竹笋剥去外壳,放入沸水锅内煮至熟,捞出、过凉,取竹笋肉,切成条;茄子洗净,去蒂,切成长条。

2 净锅置火上,加上植物油烧至五成热,分别加入竹笋条、茄子条冲炸一下,捞出、沥油。

3 锅留少许底油烧热,加入姜末、蒜末炝锅,加上精盐、甜面酱、豆瓣酱、料酒和少许清水烧沸,倒入竹笋条和茄子条烧焖至入味,用旺火收浓汤汁即成。

番茄鱼丸 `10分钟`

原料·调料

冷冻鱼丸250克。

葱段、姜块各5克,精盐少许,番茄酱、白糖各2大匙,水淀粉、香油各2小匙,植物油1大匙。

制作步骤

1 冷冻鱼丸解冻,放入沸水锅内煮至浮起,捞出、沥水;葱段、姜块分别切成末。

2 锅置火上,加上植物油烧热,放入葱末、姜末炝锅出香味,加上番茄酱、白糖和适量清水煮沸。

3 加入精盐和鱼丸,用中小火烧约5分钟,改用旺火收浓汤汁,用水淀粉勾芡,淋上香油即成。

TIPS

脆嫩的竹笋,软滑的茄子,搭配浓浓酱汁制作而成的竹笋烧茄条色泽美观,鲜美适口,是一款适合下饭的家常菜肴,也是一道减肥餐。

便当组合
主菜: 竹笋焖茄条
配菜: 番茄鱼丸
其他: 米饭 水果

普洱烧肉+白菜藕片便当

普洱烧肉 [60分钟]

原料: 带皮五花肉500克, 普洱茶15克。

调料: 葱段、姜片各15克, 老抽4小匙, 冰糖、精盐各2小匙, 植物油适量。

制作步骤

1 带皮五花肉刮净绒毛, 切成大块, 肉皮涂抹上少许老抽, 放入油锅内炸至上色, 捞出、沥油。

2 净锅置火上, 加入少许植物油烧热, 下入冰糖、少许清水熬煮片刻, 再放入葱段、姜片和普洱茶炒匀, 然后放入五花肉块, 加入精盐和老抽调匀。

3 将五花肉倒入高压锅内, 用中火压至五花肉熟香, 离火, 食用时捞出五花肉块, 淋上少许酱汁即成。

白菜藕片 [10分钟]

原料·调料

白菜150克, 莲藕100克。

泰椒、花椒、姜末各5克, 精盐、酱油、米醋、植物油各适量。

制作步骤

1 把白菜去根, 洗净, 切成小块; 莲藕去掉藕节, 削去外皮, 切成片; 泰椒去蒂, 洗净, 切成椒圈。

2 净锅置火上, 加上植物油烧热, 下入花椒炒香, 加入姜末、泰椒圈炒出香辣味, 放入白菜块和藕片翻炒均匀, 加上精盐、酱油和米醋调好口味, 出锅装盒即成。

便当组合

主菜: 普洱烧肉
配菜: 白菜藕片
白灼秋葵(P134)
其他: 玉米饽饽(P32)

TIPS

普洱烧肉是在红烧肉的基础上, 在烧肉时添加了普洱茶, 成菜有红烧肉的浓香, 还有茶叶的清香, 并且普洱茶也可以去掉五花肉的肥腻感。

白菜藕片

普洱烧肉

白灼秋葵

玉米饽饽

芦笋炒蛋+清蒸莲藕丸便当

米饭

芦笋炒蛋

香辣金针

清蒸莲藕丸

芦笋炒蛋 [10分钟]

原料: 芦笋200克, 鸡蛋3个。
调料: 蒜片少许, 精盐1小匙, 水淀粉4小匙, 植物油2大匙。

制作步骤

1 芦笋去老根、外皮, 洗净, 切成小段, 放入沸水锅内焯烫一下, 捞出、过凉、沥水; 鸡蛋打入碗里, 加入少许精盐、水淀粉搅打均匀成鸡蛋液。

2 净锅置火上烧热, 加入少许植物油烧至五成热, 倒入鸡蛋液炒至熟嫩, 取出。

3 锅内加上植物油烧热, 下入蒜片, 倒入芦笋段翻炒一下, 加上炒好的鸡蛋, 撒上精盐, 快速炒匀即成。

清蒸莲藕丸 [25分钟]

原料 · 调料

猪五花肉200克, 莲藕100克, 鸡蛋1个。

姜末5克, 精盐1小匙, 五香粉少许, 蚝油2小匙, 水淀粉、淀粉各适量。

制作步骤

1 莲藕洗净、去皮, 剁成碎粒; 猪五花肉剁成蓉, 加上姜末、精盐、五香粉和淀粉搅打均匀, 加上莲藕碎拌匀成馅料。

2 把馅料团成丸子状, 码放在盘内, 放入蒸锅内, 用旺火蒸15分钟至熟, 取出。

3 把蒸丸子的汤汁潷入锅内, 加上蚝油、少许精盐烧沸, 用水淀粉勾芡, 淋在丸子上即成。

TIPS

芦笋是一种营养价值非常高的健康蔬菜, 其吃法有很多种, 用来炒蛋也是非常经典的。芦笋炒蛋成品鸡蛋松嫩、芦笋清脆, 是一道快手小炒。

便当组合

主菜: 芦笋炒蛋
配菜: 清蒸莲藕丸
香辣金针(P24)
其他: 米饭

素烧木耳+香辣豆筋便当

素烧木耳 [30分钟]

原料: 胡萝卜50克, 木耳25克。

调料: 姜块10克, 蒜瓣5克, 精盐1小匙, 酱油、清汤、水淀粉、香油、植物油各适量。

制作步骤

1　木耳用温水浸泡至涨发, 换清水漂洗干净, 沥净水分, 去掉菌蒂, 撕成小块; 胡萝卜去皮, 切成大片; 姜块、蒜瓣分别切成片。

2　锅置火上, 加上植物油烧至五成热, 放入蒜片、姜片炝锅出香味, 倒入木耳块和胡萝卜片炒匀。

3　加入酱油、精盐、清汤烧沸, 用小火烧约5分钟, 用水淀粉勾芡, 淋上香油即成。

香辣豆筋 [25分钟]

原料 · 调料

豆筋100克, 红尖椒25克。

香葱10克, 豆瓣酱、料酒各1大匙, 生抽2小匙, 白糖、香油各1小匙, 植物油2大匙。

制作步骤

1　豆筋浸泡至涨发, 放入沸水锅内焯煮一下, 捞出、过凉, 沥水, 切成小段; 红尖椒、香葱均切成小段。

2　净锅置火上, 加上植物油烧至五成热, 下入红尖椒段、香葱段和豆瓣酱炒出香辣味。

3　倒入豆筋段翻炒均匀, 加上生抽、白糖、料酒调好口味, 用旺火炒匀, 淋上香油即成。

TIPS

豆筋又名豆棒、豆棍, 是大众喜欢的一种传统豆制品, 具有浓郁的豆香味, 同时还有着其他豆制品所不具备的独特口感。

便当组合　主菜: 素烧木耳
配菜: 香辣豆筋
椒香油菜(P24)
其他: 花卷(P32)

椒香油菜

香辣豆筋

花卷

素烧木耳

131

水果╌╌╌▷

米饭

麻辣肠荷兰豆

芥蓝烧肉饼

芥蓝烧肉饼+麻辣肠荷兰豆便当

芥蓝烧肉饼 25分钟

原料: 猪肉末200克,芥蓝段100克,鸡蛋1个。

调料: 精盐、胡椒粉、料酒、酱油、葱姜水、白糖、淀粉、水淀粉、香油、植物油各适量。

制作步骤

1 猪肉末加上精盐、胡椒粉、料酒、酱油和葱姜水拌匀,磕入鸡蛋,加上淀粉拌匀成馅料,团成丸子状,放入热油锅内压扁并煎至两面上色成肉饼,取出。

2 净锅置火上烧热,烹入酱油、料酒,加入白糖、精盐、肉饼和清水烧沸,用小火烧至汤汁浓稠,加入洗净的芥蓝段烧至入味,用水淀粉勾芡,淋上香油即成。

麻辣肠荷兰豆 15分钟

原料 · 调料

荷兰豆	200克
麻辣肠	75克
蒜片	5克
精盐	1小匙
白糖	少许
植物油	1大匙

制作步骤

1 荷兰豆去掉头尾,洗净;麻辣肠上屉蒸5分钟,取出,切成厚片。

2 净锅置火上烧热,下入植物油烧至四成热,下入麻辣肠片翻炒至变色、断生。

3 放入蒜片炒香,加入荷兰豆快速炒至断生,加入精盐和白糖炒匀,出锅装盒即成。

TIPS

　　芥蓝烧肉饼味道咸中带甜,软嫩鲜香。家庭也可以用牛羊肉、鸡肉制作,牛羊肉的话要加些花椒水,可以去除腥膻气味。

便当组合

主菜: 芥蓝烧肉饼

配菜: 麻辣肠荷兰豆

其他: 米饭 水果

白灼秋葵+爽口白菜丝便当

白灼秋葵 〔20分钟〕

原料: 秋葵200克。

调料: 蒜瓣5克, 精盐1小匙, 味精、生抽各少许, 植物油2大匙。

制作步骤

1 秋葵用淡盐水浸泡并洗净, 捞出, 切去根; 蒜瓣去皮, 捣烂成蓉, 放在小碗内。

2 锅内加上清水和植物油烧沸, 下入秋葵焯烫一下, 捞出、过凉, 沥水, 切成小段。

3 在盛有蒜蓉的碗内加上精盐、味精、生抽调拌均匀, 再淋上烧至九成热的植物油炝出香味成味汁, 淋在秋葵段上即成。

爽口白菜丝 〔20分钟〕

原料·调料

大白菜250克, 香菜10克。

大葱5克, 精盐1小匙, 米醋1大匙, 白糖、香油各少许。

制作步骤

1 大白菜去掉菜根和菜帮, 取嫩白菜心, 用清水洗净, 切成细丝, 加上少许精盐稍腌, 挤去水分; 香菜洗净, 切成小段; 大葱洗净, 切成碎末。

2 把白菜丝、香菜段和葱末放在容器内, 加上精盐、米醋和白糖拌匀, 再淋上烧热的香油拌匀即成。

便当组合
主菜: 白灼秋葵
配菜: 爽口白菜丝
酱卤猪手
其他: 米饭

TIPS

秋葵含水量高, 脂肪含量很少, 很适合想要减肥瘦身的女性, 而且秋葵富含的维生素C和膳食纤维, 还能使皮肤嫩白。

酱卤猪手

爽口白菜丝

米饭

白灼秋葵

富贵萝卜皮+家烧丝瓜便当

紫米饭

家烧丝瓜

富贵萝卜皮

熏鹌鹑蛋

富贵萝卜皮 90分钟

原料: 白萝卜400克。

调料: 姜片、蒜片各10克, 白糖2大匙, 米醋、海鲜酱油各1大匙, 花椒油、香油各1小匙, 辣鲜露少许。

制作步骤

1 　白萝卜去根, 用清水洗净, 切成三段, 用刀片取萝卜皮, 再把萝卜皮切成长条, 放入容器内, 加入少许白糖拌匀, 腌渍1小时。

2 　姜片、蒜片放在容器内, 加入米醋、海鲜酱油、花椒油、香油、辣鲜露、白糖搅匀成味汁。

3 　萝卜皮用清水冲净, 攥净水分, 放入调好的味汁内拌匀并腌渍入味, 食用时取出, 淋上少许味汁即成。

家烧丝瓜 10分钟

原料·调料

丝瓜200克, 胡萝卜50克。

蒜瓣10克, 精盐1小匙, 白糖少许, 生抽2小匙, 植物油1大匙。

制作步骤

1 　丝瓜去根, 刮净老皮, 用清水洗净, 切成圆片; 胡萝卜去根、去皮, 洗净, 切成菱形片; 蒜瓣去皮, 洗净, 切成片。

2 　净锅置火上, 加上植物油烧至六成热, 下入蒜片炝锅出香味, 加入丝瓜片稍炒。

3 　加上胡萝卜片, 用旺火煸炒至软, 加上精盐、白糖和生抽调好口味, 出锅装盒即成。

TIPS

　　富贵萝卜皮是一款开胃小菜, 制作简单, 原料普通, 吃起来酸甜脆爽, 不论是饭前凉菜、居家零食, 还是解酒下饭、餐后解馋, 都非常适合, 所以深受到大众的喜爱。

便当组合

主菜: 富贵萝卜皮

配菜: 家烧丝瓜

熏鹌鹑蛋(P27)

其他: 紫米饭

南煎丸子+酸菜冻豆腐便当

南煎丸子 20分钟

原料: 五花肉300克, 荸荠50克, 鸡蛋1个。

调料: 葱姜水2小匙, 精盐、味精、白糖、生抽、老抽、淀粉、水淀粉、植物油各适量。

制作步骤

1 荸荠去皮, 剁碎; 五花肉剁成蓉, 加上葱姜水、精盐、味精、生抽、老抽、鸡蛋、淀粉和荸荠碎拌匀至上劲, 团成直径3厘米大小的丸子。

2 锅内加上植物油烧热, 码放上丸子, 边煎边用手勺把丸子压扁, 翻面后继续煎至定型, 滗去余油。

3 加上生抽、精盐、白糖和热水烧沸, 用小火烧煨几分钟, 用水淀粉勾芡, 出锅装盒即成。

酸菜冻豆腐 20分钟

原料 · 调料

酸菜125克, 冻豆腐100克。

姜丝5克, 料酒1大匙, 生抽、蚝油各2小匙, 胡椒粉少许, 清汤2大匙, 植物油4小匙。

制作步骤

1 酸菜去根, 切成细丝, 挤干水分; 冻豆腐解冻, 切成大块, 放入清水锅内煮5分钟, 捞出、沥水。

2 净锅置火上, 加上植物油烧至六成热, 下入姜丝和酸菜丝, 用中火煸炒3分钟至酸菜丝干香。

3 加上料酒、生抽、蚝油、胡椒粉和清汤烧沸, 加入冻豆腐块炖至入味, 出锅装盒即成。

TIPS

南煎丸子的关键在于小火和旺火的结合, 丸子先用旺火煎至定型, 马上转小火煎透丸子的里面, 加入调料和汤汁后, 更要用微火细细烹熟。

便当组合
主菜: 南煎丸子
配菜: 酸菜冻豆腐
其他: 发糕(P35)
蒸山药

发糕

酸菜冻豆腐

蒸山药

南煎丸子

三色小炒

水果

普洱烧肉

米饭

盐水大虾

盐水大虾+三色小炒便当

盐水大虾 〔60分钟〕

原料： 大虾300克。

调料： 大葱10克，姜块15克，花椒3克，精盐1大匙，料酒2大匙。

制作步骤

1　大虾去掉大虾头部沙包，再从大虾脊背剪开，挑去虾线；大葱洗净，切成段；姜块去皮，切成片。

2　净锅置火上烧热，加入清水、葱段、姜片、花椒、精盐和料酒，用旺火烧沸，撇去浮沫，下入大虾煮至熟，捞出大虾、凉凉。

3　把煮大虾的汤水沉淀，放在容器内冷却，加上大虾浸泡，食用时捞出，再淋上少许原汤即成。

三色小炒 〔10分钟〕

原料·调料

竹笋125克，胡萝卜、青椒各50克。

姜末5克，精盐1小匙，白糖少许，香油1大匙。

制作步骤

1　竹笋去根，削去外皮，洗净，切成小条，放入沸水锅内焯烫一下，捞出、沥水；胡萝卜去皮，切成菱形片；青椒去蒂，切成小块。

2　净锅置火上，加入少许香油烧热，放入姜末炒出香味，加入竹笋条、胡萝卜片和青椒块炒匀，加入清水、精盐、白糖稍炒，淋入香油翻炒均匀，出锅装盒即可。

TIPS

　　盐水大虾口味咸鲜，而且外壳透红，非常美观。煮盐水大虾的水中可以加上多种调料，不过注意不要种类太多，以免影响大虾的清鲜口味。

便当组合

主菜： 盐水大虾

配菜： 三色小炒
普洱烧肉(P126)

其他： 米饭 水果

杏鲍菇牛肉粒+炝拌时蔬便当

杏鲍菇牛肉粒 20分钟

原料: 杏鲍菇、牛里脊肉各125克, 杭椒50克。

调料: 蒜末10克, 黑胡椒碎1小匙, 蚝油、生抽、料酒各1大匙, 香油、植物油各适量。

制作步骤

1　牛里脊肉切成2厘米见方的丁, 加入蚝油、生抽和少许植物油拌匀, 腌渍10分钟; 杏鲍菇洗净, 也切成丁; 杭椒去蒂, 切成小丁。

2　锅置火上, 加上植物油烧热, 下入杏鲍菇丁, 用中火炒至变色并出香味, 加入蒜末翻炒一下。

3　倒入牛肉丁, 烹入料酒, 用中小火翻炒, 边炒边撒上黑胡椒碎, 撒上杭椒丁炒匀, 淋上香油即成。

炝拌时蔬 20分钟

原料·调料

莴笋、心里美萝卜各100克, 甘蓝50克, 穿心莲少许。

精盐、白糖各1小匙, 生抽2小匙, 米醋1大匙, 香油少许。

制作步骤

1　心里美萝卜去根、去皮, 擦成细丝; 莴笋削去外皮, 擦成细丝, 放入沸水锅内焯烫一下, 捞出、过凉、沥水; 穿心莲去根, 洗净; 甘蓝洗净, 切成丝。

2　把心里美萝卜丝、莴笋丝、穿心莲、甘蓝丝放在容器内, 加上精盐、生抽、米醋、白糖和香油拌匀, 装盒即可。

便当组合
主菜: 杏鲍菇牛肉粒
配菜: 炝拌时蔬
其他: 玉米饭 水果

TIPS

　　杏鲍菇牛肉粒是一道高蛋白、低脂肪的菜品, 既可增强体质, 还可补脑健脑。制作此菜时加上杭椒, 使菜的营养更丰富, 色彩也鲜艳些。

水果

杏鲍菇牛肉粒

玉米饭

炝拌时蔬

鲜虾天妇罗+糯米藕便当

干果

鲜虾天妇罗

糯米藕

寿司

鲜虾天妇罗 20分钟

原料: 鲜虾300克。
调料: 面粉2大匙, 淀粉1大匙, 精盐1/2小匙, 泡打粉2克, 植物油适量。

制作步骤

1 鲜虾去头、去壳、虾线, 留虾尾, 在虾腹轻剁数刀以剁断虾筋; 面粉、淀粉放在碗里, 加上精盐、泡打粉和清水调匀成浓糊, 再加上少许植物油拌匀成面糊。

2 净锅置火上, 加上植物油烧至五成热, 用手指捏住虾尾, 蘸匀面糊后放入油锅开始炸虾。

3 待把鲜虾炸至洁白、焦脆、透亮时, 捞出鲜虾, 放在吸油纸上吸去多余的油即成。

糯米藕 10小时

原料·调料

莲藕	300克
糯米	100克
红枣	20克
红糖	2大匙
冰糖	适量
糖桂花	2小匙
蜂蜜	1大匙

制作步骤

1 提前把糯米浸泡8小时; 莲藕洗净, 去皮, 用刀在莲藕的一头连同藕蒂切下作盖子, 把糯米填入莲藕孔内, 用牙签固定好成糯米藕; 糖桂花、蜂蜜调匀成蜜汁。

2 把糯米藕放入清水锅内, 加上红糖、红枣烧沸, 用小火慢煮约1小时。

3 再放入冰糖, 继续用小火煮30分钟, 捞出、凉凉, 切成大片, 淋上少许蜜汁即成。

TIPS

天妇罗是指油炸食品的总称, 已有上百年历史。鲜虾天妇罗皮色洁白, 颜色透亮, 外皮焦脆, 虾肉鲜嫩, 味道酥香。

便当组合
主菜: 鲜虾天妇罗
配菜: 糯米藕
其他: 寿司(P29)
干果

椒香油菜

苦瓜培根片

米饭

家烧带鱼

家烧带鱼+苦瓜培根片便当

家烧带鱼 　30分钟

原料: 鲜带鱼300克, 青椒、红椒各少许。

调料: 葱花、蒜片、姜片各5克, 精盐、料酒、生抽、白糖、淀粉、植物油各适量。

制作步骤

1　带鱼收拾干净, 擦净水分, 剁成大块, 表面剞上一字花刀, 裹上一层淀粉, 放入烧热的油锅内煎至上色, 取出; 青椒、红椒洗净, 切成细丝。

2　净锅置火上, 加上少许植物油烧至六成热, 下入葱花、蒜片和姜片炝锅, 放入带鱼块。

3　加上料酒、生抽、白糖, 改用小火烧至熟香, 加上精盐调味, 改用旺火收汁, 撒上青椒丝、红椒丝即成。

苦瓜培根片 　10分钟

原料·调料

苦瓜	200克
培根	75克
胡萝卜	少许
精盐	1小匙
白糖	少许
植物油	2小匙

制作步骤

1　苦瓜洗净, 去掉瓜瓤, 切成菱形片, 加上少许精盐稍腌, 沥水; 培根切成片; 胡萝卜去皮, 切成片。

2　净锅置火上, 加上植物油烧热, 加入培根片煸炒至培根微微卷曲, 取出培根片。

3　用锅内剩下的底油煸炒苦瓜片和胡萝卜片至软, 加上精盐和白糖提味, 加上培根片翻炒均匀即成。

TIPS

　　带鱼是家庭中常见的食材, 其营养丰富, 受到大众的喜欢。带鱼的做法多种多样, 无论是红烧、糖醋, 还是干煎、炖煮, 味道都一样鲜美。

便当组合

主菜: 家烧带鱼

配菜: 苦瓜培根片

椒香油菜(P24)

其他: 米饭

煎酿茄子 + 豆豉金针便当

煎酿茄子 `20分钟`

原料： 茄子、猪肉末各150克，鸡蛋1个。

调料： 姜末5克，精盐、胡椒粉、白糖各少许，料酒、生抽、淀粉、香油、植物油各适量。

制作步骤

1 猪肉末加上姜末、精盐、胡椒粉、白糖、生抽拌匀，磕入鸡蛋，加上淀粉拌匀成馅料；茄子去蒂，切成厚片，涂抹上淀粉，再酿上少许馅料成茄子生坯。

2 净锅置火上，放入植物油烧至五成热，摆上茄子生坯，用中火煎至上色，烹入料酒。

3 加上适量的热水，放入白糖、生抽和精盐，用旺火烧至熟香，淋上香油，出锅装盒即成。

豆豉金针 `10分钟`

原料·调料

金针菇200克，娃娃菜、胡萝卜各少许。

蒜蓉5克，豆豉1大匙，精盐、生抽、花椒油各少许，植物油2大匙。

制作步骤

1 金针菇去掉根，一根一根撕开，放入清水中浸泡5分钟，捞出、沥水；胡萝卜、娃娃菜分别择洗干净，切成丝(或小条)。

2 净锅置火上，加上植物油烧热，下入蒜蓉和豆豉炝锅出香味，放入金针菇煸炒至软，加上胡萝卜丝、娃娃菜炒匀，加上精盐、生抽调好口味，淋上花椒油即成。

便当组合

主菜： 煎酿茄子

配菜： 豆豉金针
脆皮鸡块(P27)

其他： 米饭 水果

TIPS

煎酿茄子的配料简单，做法也不复杂，茄子又比较容易入味。制作上除了猪肉馅外，鱼肉馅、鸡肉馅、虾蓉也是不错的选择。

水果

煎酿茄子

豆豉金针

米饭

脆皮鸡块

香菇酿肉 + 肉酱土豆泥便当

肉酱土豆泥

香菇酿肉

小炒苤豆芽

米饭

香菇酿肉 [20分钟]

原料: 鲜香菇200克, 猪肉末150克。
调料: 葱末、姜末各5克, 精盐、生抽、淀粉、水淀粉、
香油各适量。

制作步骤

1 猪肉末加上葱末、姜末、精盐、生抽、香油和淀粉搅
拌均匀成馅料; 鲜香菇洗净, 去掉菌蒂, 擦净水分, 内侧
涂抹上少许淀粉, 再酿入少许馅料成香菇盒。

2 把香菇盒放在容器内, 再放入蒸锅内, 用旺火蒸约
10分钟, 取出香菇盒, 放在便当盒内。

3 把蒸香菇盒的汤汁滗入净锅内烧沸, 用水淀粉勾薄
芡, 淋上香油, 浇在香菇盒上即成。

肉酱土豆泥 [20分钟]

原料·调料

土豆2个, 猪肉粒50
克, 青椒、红椒各25
克。

精盐、胡椒粉、生抽、
白糖各少许, 清汤3
大匙, 植物油1大匙。

制作步骤

1 土豆放入清水锅内煮至熟, 捞出, 放入冷水里过凉,
取出, 剥去土豆皮, 放在容器内捣散, 加上精盐和胡椒粉
拌匀成土豆泥; 青椒、红椒洗净, 切成小粒。

2 锅内加上植物油烧热, 下入猪肉粒煸炒至变色, 加上
生抽、精盐、白糖和清汤烧沸, 撒上青椒粒、红椒粒, 用旺
火烧至浓稠成肉酱, 浇在土豆泥上即成。

TIPS

　　滑嫩的香菇搭配清香的馅料, 别有
一番风味。制作上除了用蒸的方法外, 也
可以把香菇盒放锅内煎上色, 再加上调
味料烧焖成菜, 口味也佳。

便当组合
主菜: 香菇酿肉
配菜: 肉酱土豆泥
小炒苤豆芽(P155)
其他: 米饭

Part 5
冬季便当

小炒笨豆芽+香酥牛肋条便当

香酥牛肋条

小炒笨豆芽

紫米饭

鸡蛋

小炒笨豆芽 [10分钟]

原料: 黄豆芽200克, 水发粉条75克, 泰椒15克。

调料: 香葱10克, 精盐1小匙, 生抽2小匙, 花椒油少许, 植物油1大匙。

制作步骤

1　把黄豆芽去掉根, 放在清水中浸泡并洗净, 捞出、沥净水分, 撒上少许精盐拌匀; 水发粉条切成长段; 香葱洗净, 切成小段; 泰椒去蒂, 切成椒圈。

2　净锅置火上, 加上植物油烧至六成热, 加上泰椒圈和黄豆芽, 用旺火快速翻炒一下。

3　加上水发粉条、精盐、生抽炒至豆芽变软, 撒上香葱段, 淋上花椒油, 出锅装盒即成。

香酥牛肋条 [20分钟]

原料 · 调料

牛肋条肉250克。

葱段、姜片各10克, 精盐1小匙, 五香粉、胡椒粉各少许, 料酒、白糖、味精、植物油各适量。

制作步骤

1　牛肋条肉去掉筋膜, 洗净血污, 用刀背剁几刀, 切成长条, 放在容器内, 加上葱段、姜片、精盐、五香粉、胡椒粉、料酒、白糖、味精拌匀, 腌渍10分钟。

2　净锅置火上, 加上植物油烧至五成热, 下入牛肋条冲炸一下, 捞出; 待锅内油温升至八成热时, 再放入牛肋肉炸至酥脆, 捞出、沥油, 装盒即成。

TIPS

小炒笨豆芽是一款家常风味小炒, 成菜既开胃又下饭。制作上注意, 洗净的黄豆芽要加上少许精盐, 可以使豆芽上的水分干一些, 成菜后豆芽也比较爽口。

便当组合
主菜: 小炒笨豆芽
配菜: 香酥牛肋条
其他: 鸡蛋 紫米饭

香辣鸡丁+蒜香秋葵便当

香辣鸡丁 [15分钟]

原料： 鸡腿1个，酥花生米25克。

调料： 香葱、干辣椒、花椒各5克，精盐、料酒、豆瓣酱、淀粉、生抽、白糖、植物油各适量。

制作步骤

1 鸡腿剔去骨头，剁成小块，加上精盐、料酒、淀粉拌匀、上浆；干辣椒切成小段；香葱也切成段。

2 净锅置火上，加上植物油烧至六成热，下入鸡腿块煎炸3分钟，捞出、沥油。

3 锅内留少许底油烧热，加上香葱段、辣椒段、花椒炝锅出香辣味，倒入鸡腿块翻炒均匀，加上豆瓣酱、生抽、料酒、白糖调好口味，撒上酥花生米即成。

蒜香秋葵 [10分钟]

原料·调料

秋葵250克。

泰椒10克，蒜瓣5克，精盐1小匙，蚝油2小匙，料酒1大匙，植物油2大匙。

制作步骤

1 秋葵用清水冲洗干净，放入淡盐水中浸泡片刻，捞出、去蒂，切成小段；蒜瓣去皮，拍碎；泰椒洗净，切成椒圈。

2 净锅置火上烧热，加上植物油烧至五成热，下入蒜瓣和椒圈炒香，烹入料酒，加上秋葵段炒至熟嫩，加上精盐和蚝油调好口味，出锅装盒即成。

TIPS

制作香辣鸡丁时，我更偏爱选用鸡腿肉，感觉比鸡胸肉的口感更好，成菜色泽棕红油亮，质地酥软，香辣味浓，咸鲜醇香，略带回甜，是一款非常好的下饭佳肴。

便当组合
主菜： 香辣鸡丁
配菜： 蒜香秋葵
其他： 米饭 水果

水果

香辣鸡丁

米饭

蒜香秋葵

水果

牛肉番茄面

姜汁西蓝花

白灼娃娃菜

白灼娃娃菜+牛肉番茄面便当

白灼娃娃菜 [10分钟]

原料·调料

娃娃菜	250克
蒜瓣	5克
精盐	1小匙
蒸鱼豉油	2小匙
植物油	1大匙

制作步骤

1 娃娃菜洗净,顺长切成长条;蒜瓣去皮,剁成细蓉,放入净锅内,加上少许植物油煸炒呈浅黄色,出锅,倒在小碗内凉凉,加上少许精盐拌匀成蒜蓉油。

2 净锅置火上,加上清水、少许精盐烧沸,倒入娃娃菜焯烫至熟,捞出娃娃菜,码放在容器内,淋上蒜蓉油和蒸鱼豉油,再浇上少许烧至八成热的植物油即成。

牛肉番茄面 [20分钟]

原料: 面条200克,牛肉150克,绿豆芽、番茄各75克,沙葱10克。

调料: 精盐1小匙,料酒、淀粉各2小匙,蚝油、生抽各1大匙,白糖、香油各少许,植物油适量。

制作步骤

1 牛肉切成片,加上精盐、料酒、淀粉拌匀,放入热油锅内炒至变色,取出;番茄切成片;绿豆芽洗净;沙葱切成段;面条放入清水锅内煮至近熟,捞出、沥水。

2 锅内加上植物油烧至六成热,下入沙葱段、绿豆芽煸炒至软,放入番茄片、蚝油、生抽、白糖炒匀,倒入牛肉片和熟面条,用旺火翻炒均匀,淋上香油即成。

TIPS

煮面条时需要注意,面条不宜煮熟,八成熟即可,捞出后最好过凉、沥水,加上少许植物油拌匀,可以在炒面时防止面条粘连。

便当组合
主菜: 白灼娃娃菜
配菜: 姜汁西蓝花(P22)
其他: 牛肉番茄面 水果

香辣土豆片+蒜蓉粉丝菜便当

香辣土豆片 〔15分钟〕

原料: 土豆250克, 红尖椒30克, 蒜苗15克。

调料: 花椒3克, 姜末、蒜末各5克, 豆瓣酱、料酒各1大匙, 酱油、白糖、植物油各适量。

制作步骤

1 土豆去皮, 切成片, 放入清水中洗去淀粉, 捞出、沥水; 红尖椒去蒂, 切成小块; 蒜苗洗净, 切成段。

2 净锅置火上, 加上植物油烧至六成热, 放入土豆片炸至金黄色, 捞出、沥油。

3 锅内留少许底油烧热, 加入花椒、姜末、蒜末和豆瓣酱煸炒出红油, 加上料酒、酱油、白糖炒匀, 倒入土豆片, 加上尖椒段、蒜苗段, 用旺火翻炒均匀即成。

蒜蓉粉丝菜 〔10分钟〕

原料 · 调料

娃娃菜200克, 水发粉丝50克, 红椒粒10克。

葱花、蒜末各5克, 精盐、生抽、白糖、香油各少许, 植物油1大匙。

制作步骤

1 娃娃菜顺长切成条, 放入沸水锅内焯水, 捞出、沥水, 盘成圆形, 码放在盒内; 水发粉丝放在娃娃菜上, 上面再撒上蒜末、葱花、红椒粒。

2 净锅置火上, 加上植物油烧至八成热, 加上精盐、生抽、白糖炒匀成味汁, 淋在娃娃菜粉丝上, 再放入沸水蒸锅内, 用旺火蒸5分钟, 取出, 淋上香油即成。

便当组合
主菜: 香辣土豆片
配菜: 蒜蓉粉丝菜
其他: 煎饺(P33)

TIPS

香辣土豆片是将土豆片进行油炸, 加入豆瓣酱和其它调料进行快速煸炒而成, 经过油炸的土豆片金黄油亮, 成品干香滋润, 无汁醇香。

煎饺

香辣土豆片

蒜蓉粉丝菜

梅菜扣肉+笋干菜心便当

水果

笋干菜心

梅菜扣肉

煮蛋

梅菜扣肉 90分钟

原料: 带皮五花肉400克, 梅干菜75克。

调料: 冰糖1小匙, 生抽4小匙, 酱油、腐乳汁各1大匙, 香油少许, 植物油适量。

制作步骤

1　带皮五花肉放入冷水锅中煮至八成熟, 捞出五花肉, 趁热在肉皮上抹上酱油, 皮朝下放入热油锅内炸上颜色, 捞出、凉凉, 切成大片; 梅干菜泡软、洗净。

2　五花肉片肉皮朝下码放在碗内, 加上梅干菜、冰糖、生抽、腐乳汁, 放入蒸锅内蒸至软烂, 取出。

3　把肉碗扣在盒中; 把蒸肉的汤汁滗入锅内, 用旺火烧至浓稠, 淋上香油, 出锅浇在肉片上即成。

笋干菜心 15分钟

原料 · 调料

菜心150克, 竹笋75克。

葱段10克, 精盐、鸡精各1小匙, 料酒2小匙, 香油少许、植物油1大匙。

制作步骤

1　菜心去掉根和老叶, 用清水洗净, 切成小段; 竹笋放入清水锅内, 加上少许精盐和植物油焯煮2分钟, 捞出竹笋, 过凉, 去掉根, 切成小条。

2　净锅置火上, 加上植物油烧至六成热, 下入葱段煸炒出香味, 捞出葱段不用。

3　加上竹笋条和菜心稍炒, 烹入料酒, 加上精盐和鸡精炒匀, 淋上香油即成。

TIPS

　　梅菜扣肉色泽酱红油亮, 汤汁黏稠鲜美, 让人食指大动, 大快朵颐。梅菜会吸去五花肉的油脂, 而五花肉又带着梅菜的清香, 两者搭配成菜可说是恰到好处。

便当组合
主菜: 梅菜扣肉
配菜: 笋干菜心
其他: 米饭 煮蛋 水果

黑椒牛柳+酸辣瓜条便当

黑椒牛柳 20分钟

原料: 牛里脊肉250克, 香葱段20克。

调料: 精盐、黑胡椒碎各1小匙, 料酒、生抽、老抽、白糖、蚝油、淀粉、香油、植物油各适量。

制作步骤

1 牛里脊肉切成大片, 加上精盐、料酒、淀粉和少许植物油抓匀, 腌渍15分钟; 黑胡椒碎、生抽、老抽、白糖、蚝油放在小碗内, 搅拌均匀成黑椒汁。

2 净锅置火上, 加上植物油烧至五成热, 倒入牛肉片, 用旺火炒至肉片变色。

3 撒上香葱段, 烹入对好的黑椒汁, 继续用旺火翻炒均匀, 淋上香油即成。

酸辣瓜条 90分钟

原料·调料

黄瓜	400克
精盐	1小匙
白糖	1大匙
白醋	4小匙
辣椒油	2小匙

制作步骤

1 黄瓜洗净, 顺长从中间剖开, 再剖开成四条, 片去中间的软籽部分, 切成长约5厘米的小段, 加上精盐拌匀, 腌渍出水分, 再换清水洗净, 攥干水分。

2 把黄瓜条放在容器内, 加上少许精盐、白糖、白醋和辣椒油调拌均匀, 放入冰箱内冷藏, 食用时取出, 装盒即成。

TIPS

黑椒牛柳是一款中西合璧快手小炒, 牛肉口感鲜嫩, 椒香浓郁, 味美鲜香。辛辣鲜香的黑椒牛柳配上米饭, 这样的滋味, 谁都不会拒绝。

便当组合

主菜: 黑椒牛柳

配菜: 酸辣瓜条
炝西葫芦(P24)

其他: 米饭 水果

水果--------▷

米饭--------▷

酸辣瓜条

黑椒牛柳

炝西葫芦

水果
鸡蛋饼
清水芥蓝
米饭
蚝汁牛肉丸

蚝汁牛肉丸+鸡蛋饼便当

蚝汁牛肉丸 [20分钟]

原料: 牛肉250克,洋葱75克。

调料: 小苏打1克,精盐、白糖各1小匙,料酒、蚝油、酱油各2小匙,清汤3大匙,味精、水淀粉、胡椒粉、香油各少许,植物油2大匙。

制作步骤

1 洋葱洗净,切成碎粒;牛肉用刀背剁至上劲、有韧性,加上少许清水和小苏打搅拌,再加上精盐、少许酱油、洋葱碎拌匀成馅料,团成丸子状。

2 净锅置火上,加上植物油烧至六成热,放入牛肉丸并轻轻压扁,待两面变色时,烹入料酒。

3 加上蚝油、酱油、白糖、味精和清汤烧焖2分钟,用水淀粉勾芡,撒上胡椒粉,淋上香油即成。

鸡蛋饼 [10分钟]

原料 · 调料	
鸡蛋	3个
面粉	2大匙
大葱	15克
精盐	1小匙
香油	少许
植物油	适量

制作步骤

1 大葱去根和老叶,洗净,切成葱花;鸡蛋磕在大碗内搅匀,再加上面粉和少许清水拌匀成糊状,最后加上精盐、香油拌匀成鸡蛋浓糊。

2 平锅置火上烧热,刷上一层植物油,倒入调好的鸡蛋浓糊,摊开成鸡蛋饼,撒上葱花,翻面后继续煎至熟香,取出,切成条块即成。

TIPS

蚝汁牛肉丸在制作馅料时,加入一些洋葱碎,可以使成菜爽滑,也部分去除了牛肉腥膻气味。除了洋葱,家庭也可以用马蹄、馒头渣替换。

便当组合
主菜: 蚝汁牛肉丸
配菜: 鸡蛋饼 清水芥蓝(P22)
其他: 米饭 水果

酱香八爪鱼+山药爆芦笋便当

酱香八爪鱼 [15分钟]

原料: 八爪鱼300克。

调料: 姜末5克, 精盐、白糖、孜然各少许, 黄豆酱1大匙, 料酒、蚝油、香油、植物油各适量。

制作步骤

1 八爪鱼去除内脏等, 切成大小合适的块, 放入沸水锅内, 加上少许精盐焯烫至软, 捞出、过凉、沥水。

2 净锅置火上, 加上植物油烧热, 放入姜末炝锅出香味, 加入黄豆酱炒匀, 加入料酒、蚝油、白糖、精盐和适量清水烧沸。

3 倒入八爪鱼块, 用旺火快速翻炒几下, 撒上孜然, 淋上香油, 出锅装盒即成。

山药爆芦笋 [10分钟]

原料 · 调料

山药、芦笋各150克。

蒜末5克, 精盐1小匙, 白糖、蚝油、水淀粉各少许, 植物油2大匙。

制作步骤

1 山药去皮, 洗净, 切成菱形片; 芦笋洗净, 切成小段; 精盐、白糖、蚝油和水淀粉放在碗内拌匀成芡汁。

2 净锅置火上, 加上少许精盐和清水烧沸, 倒入芦笋段、山药片焯烫一下, 捞出、过凉、沥水。

3 净锅置火上, 加上植物油烧热, 放入蒜末爆香, 加上山药片、芦笋段翻炒, 烹入芡汁快速炒匀即成。

便当组合
主菜: 酱香八爪鱼
配菜: 山药爆芦笋
家常茄条(P69)
其他: 薏仁玉米饭(P31)

TIPS

鲜嫩的八爪鱼除了用白灼的方法制作菜肴外, 酱烧也是很好的。八爪鱼能保持其脆嫩程度且鲜美不变, 又有酱香滋味, 下酒配饭都很好。

山药爆芦笋

酱香八爪鱼

家常茄条

薏仁玉米饭

培根二冬+粉条油菜便当

米饭

白灼娃娃菜

培根二冬

粉条油菜

培根二冬 15分钟

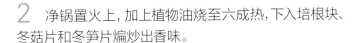

原料： 冬笋100克，培根2片，冬菇15克，芹菜、青椒、芝麻各少许。

调料： 精盐1小匙，生抽2小匙，蚝油、白糖各少许，植物油2大匙。

制作步骤

1　冬菇事先用清水浸泡，切成抹刀片；冬笋放入沸水锅内稍煮，捞出、过凉，切成片；培根片切成小块；芹菜、青椒分别洗净，切成小段。

2　净锅置火上，加上植物油烧至六成热，下入培根块、冬菇片和冬笋片煸炒出香味。

3　加上芹菜段、青椒段炒匀，加上生抽、精盐、蚝油和白糖调好口味，撒上芝麻即成。

粉条油菜 20分钟

原料·调料

油菜150克，细粉条25克，红辣椒10克。

精盐、五香粉、香油各少许，酱油2小匙，植物油1大匙。

制作步骤

1　细粉条用清水浸泡至软，再放入沸水锅内煮几分钟，捞出、过凉，沥水，切成段；油菜去根和老叶，洗净；红辣椒洗净，切成椒圈。

2　净锅置火上，加上植物油烧至六成热，下入辣椒圈炝锅出香味，倒入油菜翻炒几下。

3　加上细粉条和适量清水烧沸，加入酱油、五香粉、精盐收干汤汁，淋上香油炒匀即成。

TIPS

　　软嫩清香的培根，搭配上二冬（冬笋、冬菇）等，用蚝油等加以调味和烧制而成的培根二冬，具有营养均衡，口味浓香，脆滑嫩鲜的特色。

便当组合

主菜：培根二冬
配菜：粉条油菜
白灼娃娃菜(P158)
其他：米饭

便当 可乐鸡翅+酱烧茄条便当

可乐鸡翅 [40分钟]

原料: 鸡翅中400克,可乐一听。

调料: 八角2个,姜片、葱段各5克,精盐、生抽、白糖、香油,植物油各适量。

制作步骤

1 鸡翅中去净绒毛,清洗干净,擦净表面水分,在鸡翅中一侧剞上一字刀,加上少许精盐、生抽和香油拌匀,腌渍10分钟。

2 净锅置火上,加上植物油烧至五成热,放入鸡翅中煎至变色,滗去锅内余油。

3 加上姜片、八角、葱段稍炒,倒入可乐,加上精盐、生抽和白糖烧至浓稠入味,出锅装盒即成。

酱烧茄条 [20分钟]

原料·调料

茄子400克。

蒜瓣10克,葱末、干辣椒各少许,精盐、酱油、白糖、水淀粉、淀粉、鲜汤、植物油各适量。

制作步骤

1 茄子切成长条,加上精盐略腌,放上淀粉拌匀,放入油锅内炸至脆硬,捞出、沥油;蒜瓣去皮,剁成蓉。

2 锅内加上少许植物油烧热,放入蒜蓉、葱末、干辣椒煸出香味,倒入茄子条,加上鲜汤烧沸。

3 加上酱油、精盐、白糖调好口味,用中火烧至入味,用水淀粉勾薄芡,颠翻至芡汁包住茄子条即成。

TIPS

可乐鸡翅是一道以鸡翅和可乐为主料,以生抽、姜片、白糖等烧焖而成的佳肴,具有色泽红亮,味道鲜美、鸡翅嫩滑、咸甜适中的特色。

便当组合
主菜: 可乐鸡翅
配菜: 酱烧茄条
其他: 米饭 水果

水果

可乐鸡翅

酱烧茄条

米饭

孜然羊肉

豆豉秋葵

家常炒面

孜然羊肉+豆豉秋葵便当

孜然羊肉 40分钟

原料: 羊腿肉300克,芝麻15克。

调料: 葱段、姜片各5克,孜然1大匙,精盐1小匙,辣椒粉2小匙。

制作步骤

1 羊腿肉去除筋膜,洗净血污,切成大块;净锅置火上烧热,放入孜然,用铲子轻轻翻炒至出香味,取出,放在案板上,用擀面杖擀压成孜然碎。

2 把羊肉块放在容器内,加上葱段、姜片、孜然碎、精盐、辣椒粉拌匀,腌渍20分钟,去掉葱姜不用。

3 羊肉块码放在烤盘上,放入预热烤箱内,用中温烤约10分钟,撒上芝麻和少许孜然碎,再烤几分钟即成。

豆豉秋葵 10分钟

原料·调料

秋葵300克。

蒜瓣5克,精盐少许,豆豉、香菇酱、生抽、白糖、植物油各适量。

制作步骤

1 秋葵择洗干净,放入沸水锅内,加上少许精盐焯烫一下,捞出,过凉,沥净水分,去除头尾,斜切成小段;蒜瓣去皮,剁碎;豆豉切成细粒。

2 净锅置火上,加上植物油烧至五成热,加入蒜碎、豆豉粒炝锅出香味,放入秋葵段和香菇酱稍炒,加上精盐、生抽、白糖翻炒均匀,出锅装盒即成。

TIPS

　　家庭在制作孜然羊肉时,经常把腌渍的羊肉放入油锅内炸制而成,而本次介绍的孜然羊肉是用烤的技法,成品也更为干香,味道也不逊色。

便当组合

主菜: 孜然羊肉
配菜: 豆豉秋葵
其他: 家常炒面(P34)

果醋凤爪+香辣鱼便当

果醋凤爪 5小时

原料: 鸡爪(凤爪)400克。

调料: 八角、干辣椒各2个,姜片5克,料酒1大匙,精盐2小匙,苹果醋、糟卤汁各2大匙,柠檬汁少许。

制作步骤

1 将鸡爪撕去黄皮,剪去指甲,洗净,放入清水锅内焯烫一下,捞出、过凉,剁成两段。

2 净锅置火上,加上足量的清水,放入八角、干辣椒、姜片、料酒和精盐,烧沸后倒入鸡爪,再沸后用小火煮约20分钟至鸡爪刚熟,捞出鸡爪。

3 把苹果醋、糟卤汁和柠檬汁放在容器内,放入煮熟的鸡爪,盖上容器盖,放入冰箱内冷藏4小时即成。

香辣鱼 20分钟

原料·调料

团圆鱼(或小黄鱼)400克。

葱段、姜片、蒜瓣、干辣椒各少许,精盐、白糖各1小匙,料酒、豆瓣酱、酱油各1大匙,植物油适量。

制作步骤

1 团圆鱼去掉鱼鳞、鱼鳃和内脏,洗净,涂抹上少许精盐和料酒,放入热锅内煎至上色,取出。

2 锅内加上植物油烧热,加上葱段、姜片、蒜瓣和干辣椒炝锅,加上豆瓣酱、料酒、酱油、白糖和清水烧沸,放入团圆鱼,小火烧至熟嫩,用旺火收浓汤汁即成。

便当组合

主菜: 果醋凤爪

配菜: 香辣鱼 五香豆干(P25)

其他: 杂米饭

TIPS

喜欢吃糟香凤爪,但单独的卤口味有时候偏咸,所以果醋凤爪这道菜中,我加上了一些苹果醋,正好中和一些,而且有酸甜的果香味,特别好吃。

果醋凤爪

五香豆干

杂米饭

香辣鱼

家常藕片+红烧鱼肚便当

蒸山药

家常藕片

花卷

水果

红烧鱼肚

家常藕片 [15分钟]

原料: 莲藕、五花肉各100克, 蒜薹15克。

调料: 红尖椒10克, 精盐、酱油、料酒、白糖、米醋、香油各少许, 植物油2大匙。

制作步骤

1　五花肉切成片; 莲藕去掉藕节, 削去外皮, 洗净, 切成大片, 放在清水中, 加上米醋浸泡片刻, 捞出; 红尖椒去蒂, 切成椒圈; 蒜薹洗净, 切成小粒。

2　净锅置火上, 加上植物油烧至五成热, 加入红椒圈、蒜薹粒和五花肉片煸炒2分钟。

3　加上酱油、精盐、料酒和莲藕片稍焖片刻, 加上白糖炒匀, 淋上香油即成。

红烧鱼肚 [20分钟]

原料 · 调料

水发鱼肚、油菜心各150克。

葱段、姜片各10克, 精盐、料酒、老抽、蚝油、白糖、清汤、植物油各适量。

制作步骤

1　水发鱼肚放入清水中洗净, 再放入清汤锅内, 加上精盐、料酒煮10分钟, 捞出, 切成大块; 油菜取嫩菜心, 放入汤锅内汆烫至熟嫩, 取出, 放在盒内垫底。

2　净锅置火上, 加上植物油烧热, 下入葱段、姜片炝锅, 倒入清汤烧沸, 捞出葱姜不用。

3　放入老抽、蚝油、精盐、白糖和水发鱼肚块, 用小火烧焖至入味, 改用旺火收汁, 放在油菜心上即可。

TIPS

　　家常藕片把五花肉的浓香与莲藕片清香很巧妙的结合在一起, 而且其制作简单, 营养丰富, 不管是佐酒下饭都不错, 是冬季必备佳肴之一。

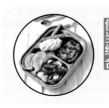

便当组合

主菜: 家常藕片
配菜: 红烧鱼肚
其他: 花卷(P32)
蒸山药 水果

冰糖排骨+牛排酱油饭便当

冰糖排骨 60分钟

原料: 排骨400克。

调料: 葱段、姜片各10克,八角、干辣椒各2个,精盐、冰糖、料酒、老抽、番茄酱、白糖、植物油各适量。

制作步骤

1 排骨剁成大块,洗净血污,放入清水锅内,加上姜片、料酒焯烫几分钟,捞出、过凉,沥净水分。

2 锅内加上植物油烧热,下入冰糖炒至溶化,继续炒至出小泡并成红棕色,放入排骨块翻炒均匀。

3 放入葱段、姜片、八角、干辣椒炒匀,加入沸水淹没排骨块,再加上老抽、番茄酱,用中小火烧30分钟,加上白糖和精盐,用旺火收浓汤汁即成。

牛排酱油饭 20分钟

原料·调料

米饭250克,牛排1小块,鸡蛋1个。

精盐、胡椒粉,胡椒碎各少许,老抽、生抽各2小匙,白糖1小匙,植物油2大匙。

制作步骤

1 牛排用厨房纸吸干水分,用精盐和胡椒粉均匀抹在牛排两面,放入烧热的平锅内煎至熟嫩,取出,切成小块;米饭放在大碗内,磕入鸡蛋并搅匀。

2 净锅置火上,加上植物油烧热,倒入米饭翻炒一下,加上老抽、生抽和白糖,快速翻炒均匀,撒上胡椒碎和牛排块,继续煸炒至入味即成。

TIPS

　　冰糖排骨是一款经典的家常菜式,排骨块经过一焯、二炒、三烧的方式,成菜色泽红亮,外酥里嫩,味道甜香,满满的都是肉骨头的香味。

便当组合　主菜:冰糖排骨
配菜:盐水菜心(P23)
其他:牛排酱油饭

牛排酱油饭

冰糖排骨

盐水菜心

米饭

香菇焖笋

白灼秋葵

土豆烧牛肉

土豆烧牛肉+香菇焖笋便当

土豆烧牛肉 60分钟

原料: 牛肉200克,土豆150克。

调料: 蒜瓣、姜块各10克,八角、肉桂、小茴香、香叶各少许,精盐、鸡精、冰糖、生抽、酱油、料酒、植物油各适量。

制作步骤

1　牛肉洗净,切成小块,放入沸水锅内焯至变色,取出;土豆去皮,切成大块;蒜瓣去皮、拍扁;八角、肉桂、小茴香、香叶用纱布包裹成五香料包。

2　净锅置火上,加入植物油烧热,放入蒜瓣、姜块炝锅出香味,倒入牛肉块翻炒3分钟。

3　牛肉块放入高压锅内,加上清水、调料和五香料包,盖上锅盖压15分钟,再放入土豆块压5分钟即成。

香菇焖笋 20分钟

原料·调料

冬笋150克,香菇100克。

葱末、姜末各5克,精盐、鸡精、白胡椒粉、老抽、蚝油、植物油各适量。

制作步骤

1　香菇去掉菌蒂,洗净,挤去水分,切成小条;冬笋去根,也切成条;净锅置火上,加上清水和精盐烧沸,放入香菇条、冬笋条焯烫一下,捞出、沥水。

2　净锅复置火上,倒入植物油烧至五成热,加上葱末、姜末炝锅,放入香菇条、冬笋条稍炒,加上老抽、蚝油、白胡椒粉、鸡精烧焖至入味即可。

TIPS

香菇含有丰富的蛋白质和多种人体必需的微量元素,还是防治感冒、降低胆固醇、防治肝硬化和具有抗癌作用的保健食材。

便当组合
主菜: 土豆烧牛肉
配菜: 香菇焖笋　白灼秋葵(P134)
其他: 米饭

便当 Bento 菇肉木须粉+辣炒干豆腐便当

菇肉木须粉 `20分钟`

原料: 猪瘦肉125克, 细粉条、榛蘑各15克, 鸡蛋2个。

调料: 蒜苗段10克, 精盐1小匙, 料酒、酱油、清汤、植物油各适量。

制作步骤

1　猪瘦肉切成大片; 细粉条、榛蘑分别用温水浸泡至涨发, 水发粉条切成段; 榛蘑去蒂; 鸡蛋磕在碗里打散成鸡蛋液, 倒入热油锅内煎炒至凝固, 取出。

2　净锅置火上, 加上植物油烧至六成热, 放入猪肉片煸炒至变色, 加上料酒、酱油、精盐炒匀。

3　加上水发粉条、水发榛蘑和清汤烧焖几分钟, 加入鸡蛋, 撒上蒜苗段翻炒均匀即成。

辣炒干豆腐 `10分钟`

原料 · 调料

干豆腐、白菜各100克, 胡萝卜50克, 水发木耳25克。

葱花5克, 精盐少许, 辣椒酱1大匙, 酱油、白糖、香油、植物油各适量。

制作步骤

1　干豆腐切成小块; 水发木耳去蒂, 撕成小块; 白菜去根和老叶, 切成小条; 胡萝卜去皮, 洗净, 切成片。

2　锅置火上, 加上植物油烧至六成热, 加上葱花、辣椒酱炒出香辣味, 放入白菜条、干豆腐块炒匀。

3　再加入水发木耳块和胡萝卜片炒至断生, 加上精盐、酱油、白糖炒匀, 淋上香油即成。

便当组合
主菜: 菇肉木须粉
配菜: 辣炒干豆腐
蚝油生菜(P24)
其他: 米饭

TIPS

菇肉木须粉是一款创新风味菜肴, 几种不同颜色、不同口感的食材混在一起制作成菜, 不但让菜肴颜色诱人, 而且口感丰富又营养均衡。

米饭

辣炒干豆腐

蚝油生菜

菇肉木须粉

葱烧海参+芝麻羊肉便当

芝麻羊肉

绿豆米饭

醉蟹钳

葱烧海参

葱烧海参 〔20分钟〕

原料: 水发海参250克,油菜心适量。
调料: 葱白50克,精盐、清汤、酱油、白糖、水淀粉、葱油、熟猪油各适量。

制作步骤

1 水发海参切成条块,放入冷水锅内,旺火烧沸后煮几分钟,捞出、沥水;葱白洗净,切成段;油菜心放入沸水锅内焯烫至熟,捞出,码放在盒内垫底。

2 净锅置火上,加上熟猪油烧热,加上葱白段炸上颜色,加上清汤、精盐、酱油、白糖烧沸。

3 加入水发海参段,改用小火烧焖几分钟至入味,用水淀粉勾芡,淋上葱油,放在油菜心上即成。

芝麻羊肉 〔30分钟〕

原料·调料

羊腿肉250克,芝麻25克。

精盐、辣椒粉、姜黄粉、十三香、孜然各1小匙,料酒、淀粉、香炸粉各1大匙,植物油适量。

制作步骤

1 羊腿肉去掉筋膜,切成小块,加上精盐、料酒、辣椒粉、姜黄粉、十三香和孜然拌匀,腌渍10分钟,再加入淀粉、香炸粉和芝麻拌匀成芝麻羊肉生坯。

2 净锅置火上,加上植物油烧至五成热,下入芝麻羊肉生坯炸至定型,捞出;待锅内油温升至七成热时,再放入羊肉炸至熟香,捞出、沥油即成。

TIPS

海参肉质软嫩,营养丰富,是典型的高蛋白、低脂肪食材,搭配葱白烧制成菜,具有颜色油亮、葱香四溢、海参香滑、咸鲜适中、回口微甜的特色。

便当组合
主菜: 葱烧海参
配菜: 芝麻羊肉
醉蟹钳(P27)
其他: 绿豆米饭(P31)

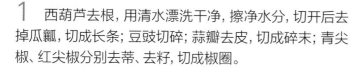

豆豉西葫芦+辣炒脆骨便当

豆豉西葫芦 [10分钟]

原料: 西葫芦250克, 青尖椒、红尖椒各15克。

调料: 蒜瓣10克, 豆豉1大匙, 精盐、生抽、白糖、香油各少许, 植物油适量。

制作步骤

1 西葫芦去根, 用清水漂洗干净, 擦净水分, 切开后去掉瓜瓤, 切成长条; 豆豉切碎; 蒜瓣去皮, 切成碎末; 青尖椒、红尖椒分别去蒂、去籽, 切成椒圈。

2 净锅置火上, 加上植物油烧至六成热, 下入豆豉和蒜末炝锅出香味, 放入西葫芦条炒至表皮变色。

3 加上青椒圈、红椒圈稍炒, 加上精盐、生抽、白糖调好口味, 淋上香油, 出锅装盒即成。

辣炒脆骨 [30分钟]

原料 · 调料

猪脆骨250克, 豆腐皮75克, 洋葱、芹菜各25克。

姜片10克, 精盐、孜然各1小匙, 料酒、生抽、豆瓣酱、植物油各适量。

制作步骤

1 猪脆骨洗净, 切成大片, 放入清水锅内, 加上姜片、料酒和精盐煮约10分钟, 捞出、沥水; 洋葱切成丝; 芹菜洗净, 切成小段; 豆腐皮切成小块。

2 锅置火上, 加上植物油烧热, 放入猪脆骨, 加入生抽、豆瓣酱, 用旺火煸炒至脆骨的边缘变色、焦黄, 加上洋葱丝、芹菜段、豆腐皮和孜然, 快速炒匀即成。

TIPS

　　西葫芦是一种比较鲜嫩水润的食材, 吃在嘴里软滑细腻, 香鲜美味, 用它与豆豉等炒制成菜, 成品色泽美观, 细腻滑嫩, 香鲜爽辣。

便当组合
主菜: 豆豉西葫芦
配菜: 辣炒脆骨
其他: 红豆饭(P31)
水果

水果 - - - - -

- - - - 红豆饭

豆豉西葫芦

辣炒脆骨

水果

玉米豌豆菇

榛蘑小白菜

尖椒油豆皮

米饭

190

玉米豌豆菇+榛蘑小白菜便当

玉米豌豆菇 `10分钟`

原料: 杏鲍菇150克, 豌豆粒、玉米粒各50克。

调料: 大葱5克, 精盐、生抽各1小匙, 鸡精、香油各少许, 植物油1大匙。

制作步骤

1 杏鲍菇洗净, 先撕成条状, 再切成丁(或小块), 加上少许生抽拌匀; 豌豆粒、玉米粒分别洗净, 放入沸水锅内焯烫一下, 捞出、过凉, 沥水; 大葱切成葱花。

2 净锅置火上, 加上植物油烧至五成热, 下入杏鲍菇丁煸炒至变色, 撒上葱花炒出香味。

3 加上豌豆粒、玉米粒炒匀, 加上精盐、生抽、鸡精调好口味, 淋上香油, 出锅装盒即成。

榛蘑小白菜 `20分钟`

原料·调料

小白菜200克, 榛蘑40克。

八角1个, 精盐1小匙, 料酒4小匙, 植物油1大匙。

制作步骤

1 榛蘑用清水浸泡至涨发, 攥干水分, 放在碗内, 加上料酒和少许清水, 上屉蒸10分钟, 取出榛蘑; 把蒸榛蘑原汁过滤、留用; 小白菜择洗干净。

2 锅内加上植物油烧热, 加上八角炸出香味, 捞出八角不用, 放入榛蘑炒匀, 倒入蒸榛蘑的原汁, 放入小白菜炒匀, 加上精盐翻炒入味, 出锅装盒即成。

TIPS

　　杏鲍菇肉质肥厚, 口感鲜嫩, 味道清香, 搭配富含多种维生素的玉米粒、豌豆粒成菜, 有降血脂、降胆固醇, 增加机体免疫力的食疗功效。

便当组合
主菜: 玉米豌豆菇
配菜: 榛蘑小白菜
尖椒油豆皮(P25)
其他: 米饭 水果

图书在版编目（CIP）数据

便当超人 / 黄蓓编著. — 长春 ：吉林科学技术出
版社，2018.3
ISBN 978-7-5578-1488-5

Ⅰ. ①便… Ⅱ. ①黄… Ⅲ. ①食谱 Ⅳ.
①TS972.12

中国版本图书馆CIP数据核字(2016)第270119号

便当超人
BIANDANG CHAOREN

编　　著　黄　蓓
出 版 人　李　梁
责任编辑　张恩来　高千卉
封面设计　长春创意广告图文制作有限责任公司
制　　版　长春创意广告图文制作有限责任公司
开　　本　710 mm×1000 mm　1/16
字　　数　150千字
印　　张　12
印　　数　1-6 000册
版　　次　2018年3月第1版
印　　次　2018年3月第1次印刷
出　　版　吉林科学技术出版社
发　　行　吉林科学技术出版社
地　　址　长春市人民大街4646号
邮　　编　130021
发行部电话/传真　0431-85677817　85635177　85651759
　　　　　　　　　85651628　85600611　85670016
储运部电话　0431-86059116
编辑部电话　0431-85610611
网　　址　www.jlstp.net
印　　刷　吉广控股有限公司
书　　号　ISBN 978-7-5578-1488-5
定　　价　39.90元
如有印装质量问题可寄出版社调换
版权所有　翻印必究　举报电话：0431-85635186